应用力学

主　编　李郴娟
副主编　彭德秀　王新华
参　编　林　林　袁　维　向程龙

北京理工大学出版社
BEIJING INSTITUTE OF TECHNOLOGY PRESS

内容提要

本书从工程实际结构受力分析角度出发进行编写。全书共分为10章，主要内容包括导论、静力学基础、平面力系的简化、平面体系的几何组成分析、轴向拉伸与压缩、剪切与扭转、弯曲、组合变形、压杆稳定、静定结构的受力分析等。针对重要章节和重要知识点，本书还配备了微课、动画等数字化教学资源，并以二维码的形式体现在相应的章节，以方便老师的教学和学生对重要知识点的掌握。本书每章后均配备有本章小结和习题，以指导学生深入地进行学习。

本书可作为高等院校道路与桥梁及土建类相关专业的教材，也可作为道路与桥梁及土建工程专业技术人员的岗位培训教材或供自学使用。

版权专有　侵权必究

图书在版编目(CIP)数据

应用力学 / 李郴娟主编.—北京：北京理工大学出版社，2020.11
ISBN 978-7-5682-9297-9

Ⅰ.①应…　Ⅱ.①李…　Ⅲ.①应用力学—高等学校—教材　Ⅳ.①O39

中国版本图书馆CIP数据核字（2020）第240598号

出版发行 / 北京理工大学出版社有限责任公司
社　　址 / 北京市海淀区中关村南大街5号
邮　　编 / 100081
电　　话 / （010）68914775（总编室）
　　　　　（010）82562903（教材售后服务热线）
　　　　　（010）68948351（其他图书服务热线）
网　　址 / http://www.bitpress.com.cn
经　　销 / 全国各地新华书店
印　　刷 / 天津久佳雅创印刷有限公司
开　　本 / 787毫米 × 1092毫米　1/16　　　　　　　　　　　责任编辑 / 高雪梅
印　　张 / 12.5　　　　　　　　　　　　　　　　　　　　　文案编辑 / 高雪梅
字　　数 / 300千字　　　　　　　　　　　　　　　　　　　　责任校对 / 周瑞红
版　　次 / 2020年11月第1版　2020年11月第1次印刷　　　　责任印制 / 边心超
定　　价 / 59.00元

图书出现印装质量问题，请拨打售后服务热线，本社负责调换

前　言

应用力学涉及众多的力学学科分支与广泛工程技术领域，是一门理论性较强、与工程技术联系极为密切的技术基础学科。力学的定理、定律和结论广泛应用于各行各业，是解决工程实际问题的重要基础。

本书内容简洁、清晰，避免了一些繁杂的论证和推导，形成了一套简练又相对完整的教学体系，课程内容难度适用于高等院校道路与桥梁及土建类相关专业的广大学生。

本书的编写以应用力学新课程标准为依据，书中的例题、习题均充分体现了工学结合的原则。通过学习，学生们能够基本掌握力学的分析方法，具备今后在生产一线运用力学知识分析解决工程中遇到的简单力学问题的能力。

本书共分为10章，主要内容覆盖理论力学、材料力学、结构力学。本书针对重要章节和重要知识点，还配备了微课、动画等数字化教学资源，并以二维码的形式呈现在相应的章节中，以方便老师的教学和学生对重要知识点的掌握。

本书由贵州交通职业技术学院李郴娟担任主编，由贵州交通职业技术学院彭德秀、王新华担任副主编，贵州交通职业技术学院林林、袁维、向程龙参与编写。具体编写分工如下：李郴娟负责第1章、第6章、第7章的编写；彭德秀负责第3章、第4章、第10章的编写；王新华负责第2章、第5章的编写；袁维负责第8章、第9章的编写。

由于编者水平有限，书中难免存在错误和不妥之处，恳求读者批评指正。

编　者

目 录

第1章　导论 ···············1

1.1　应用力学的研究对象和任务 ···············1
1.1.1　应用力学的研究对象 ···············1
1.1.2　应用力学的研究任务 ···············4

1.2　应用力学的力学模型 ···············4
1.2.1　刚体 ···············4
1.2.2　变形固体及其基本假设 ···············5
1.2.3　杆件变形的基本形式 ···············5

1.3　荷载及其分类 ···············6
1.3.1　荷载 ···············6
1.3.2　荷载的分类 ···············6

第2章　静力学基础 ···············9

2.1　静力学公理 ···············9
2.1.1　力的基本知识 ···············9
2.1.2　静力学基本公理 ···············9

2.2　力矩 ···············12

2.3　力偶 ···············13
2.3.1　力偶的概念 ···············13
2.3.2　力偶矩 ···············13
2.3.3　力偶的三要素 ···············13

2.3.4　力偶的基本性质 ···············14

2.4　约束和约束反力 ···············14
2.4.1　约束与约束反力的概念 ···············14
2.4.2　几种常见的约束及其反力 ···············15
2.4.3　绘制结构计算简图 ···············17

2.5　物体的受力分析与受力图 ···············19
2.5.1　概述 ···············19
2.5.2　单个物体的受力图 ···············19
2.5.3　物体系统的受力图 ···············21

第3章　平面力系的简化 ···············26

3.1　平面汇交力系的合成与平衡 ···············26
3.1.1　平面汇交力系合成与平衡的几何法 ···············27
3.1.2　平面汇交力系合成与平衡的解析法 ···············28

3.2　力偶系的合成与平衡 ···············30
3.2.1　平面力偶系的合成 ···············31
3.2.2　平面力偶系的平衡条件 ···············31

3.3　平面一般力系的简化 ···············32
3.3.1　力的平移定理 ···············32

        3.3.2 平面任意力系向一点简化⋯⋯⋯⋯33
        3.3.3 平面任意力系的简化结果分析⋯⋯⋯34
    3.4 平面一般力系的平衡条件及其
        应用⋯⋯⋯⋯⋯⋯⋯⋯⋯⋯⋯⋯⋯⋯⋯⋯34
        3.4.1 平衡条件和平衡方程⋯⋯⋯⋯⋯⋯⋯34
        3.4.2 平面任意力系的特殊情形⋯⋯⋯⋯⋯35
        3.4.3 平衡方程的应用⋯⋯⋯⋯⋯⋯⋯⋯⋯36
        3.4.4 物体系统的平衡⋯⋯⋯⋯⋯⋯⋯⋯⋯39
        3.4.5 静定与超静定问题的概念⋯⋯⋯⋯⋯41

第4章 平面体系几何组成分析⋯⋯45
    4.1 平面体系几何组成概述⋯⋯⋯⋯⋯⋯⋯45
        4.1.1 几何不变体系与几何可变体系⋯⋯⋯45
        4.1.2 瞬变体系⋯⋯⋯⋯⋯⋯⋯⋯⋯⋯⋯⋯45
        4.1.3 自由度⋯⋯⋯⋯⋯⋯⋯⋯⋯⋯⋯⋯⋯46
        4.1.4 约束⋯⋯⋯⋯⋯⋯⋯⋯⋯⋯⋯⋯⋯⋯47
    4.2 平面体系自由度的计算⋯⋯⋯⋯⋯⋯⋯48
        4.2.1 刚片法⋯⋯⋯⋯⋯⋯⋯⋯⋯⋯⋯⋯⋯48
        4.2.2 铰结点法⋯⋯⋯⋯⋯⋯⋯⋯⋯⋯⋯⋯49
        4.2.3 平面体系几何不变的必要条件⋯⋯⋯49
    4.3 平面体系几何组成规则与分析⋯⋯⋯⋯50
        4.3.1 虚铰⋯⋯⋯⋯⋯⋯⋯⋯⋯⋯⋯⋯⋯⋯50
        4.3.2 几何不变体系基本组成规则⋯⋯⋯⋯50
        4.3.3 平面体系的几何组成分析⋯⋯⋯⋯⋯52
        4.3.4 结构的静定性与几何组成的关系⋯⋯55

第5章 轴向拉伸与压缩⋯⋯⋯⋯⋯⋯58
    5.1 轴向拉（压）杆的内力与轴力图⋯⋯58
        5.1.1 用截面法求轴向拉（压）杆的
            内力⋯⋯⋯⋯⋯⋯⋯⋯⋯⋯⋯⋯⋯⋯⋯58
        5.1.2 轴力图⋯⋯⋯⋯⋯⋯⋯⋯⋯⋯⋯⋯⋯61
    5.2 轴向拉（压）杆横截面上的正
        应力⋯⋯⋯⋯⋯⋯⋯⋯⋯⋯⋯⋯⋯⋯⋯⋯62
        5.2.1 应力的概念⋯⋯⋯⋯⋯⋯⋯⋯⋯⋯⋯62
        5.2.2 轴向拉（压）杆横截面上的
            正应力⋯⋯⋯⋯⋯⋯⋯⋯⋯⋯⋯⋯⋯⋯63
        5.2.3 应力计算公式⋯⋯⋯⋯⋯⋯⋯⋯⋯⋯63
    5.3 轴向拉（压）杆的强度计算⋯⋯⋯⋯⋯65
        5.3.1 许用应力与安全系数⋯⋯⋯⋯⋯⋯⋯65
        5.3.2 轴向拉压杆的正应力强度条件⋯⋯⋯66
        5.3.3 强度条件的应用⋯⋯⋯⋯⋯⋯⋯⋯⋯66
    5.4 轴向拉（压）杆的变形计算⋯⋯⋯⋯⋯68
        5.4.1 线变形、线应变、胡克定律⋯⋯⋯⋯68
        5.4.2 横向变形、泊松比⋯⋯⋯⋯⋯⋯⋯⋯69
    5.5 材料在拉伸和压缩时的力学性能⋯⋯71
        5.5.1 材料拉伸时的力学性能⋯⋯⋯⋯⋯⋯72
        5.5.2 材料压缩时的力学性能⋯⋯⋯⋯⋯⋯75

第6章 剪切与扭转⋯⋯⋯⋯⋯⋯⋯⋯81
    6.1 连接件的实用强度计算⋯⋯⋯⋯⋯⋯⋯81
        6.1.1 剪切和挤压⋯⋯⋯⋯⋯⋯⋯⋯⋯⋯⋯81
        6.1.2 剪切的实用计算⋯⋯⋯⋯⋯⋯⋯⋯⋯82
        6.1.3 挤压的实用计算⋯⋯⋯⋯⋯⋯⋯⋯⋯83
    6.2 圆轴的扭转计算⋯⋯⋯⋯⋯⋯⋯⋯⋯⋯84
        6.2.1 扭转的概念⋯⋯⋯⋯⋯⋯⋯⋯⋯⋯⋯84
        6.2.2 扭矩⋯⋯⋯⋯⋯⋯⋯⋯⋯⋯⋯⋯⋯⋯86

6.2.3 扭转强度计算…………………88

6.2.4 圆轴扭转时的变形及刚度条件……89

第7章 弯曲…………………………95

7.1 平面弯曲的概念及梁的计算简图……95

7.1.1 平面弯曲的概念………………95

7.1.2 梁的计算简图…………………96

7.2 剪力与弯矩、剪力图与弯矩图……98

7.2.1 剪力与弯矩……………………98

7.2.2 剪力图与弯矩图………………101

7.2.3 微分关系法绘制剪力图和弯矩图……………………106

7.3 用叠加法画弯矩图…………………111

7.3.1 叠加原理………………………111

7.3.2 叠加法画弯矩图………………111

7.3.3 用区段叠加法画弯矩图………112

7.4 平面图形的几何性质………………115

7.4.1 形心和静矩……………………115

7.4.2 惯性矩、惯性积和平行移轴定理…………………………116

7.5 梁弯曲时的应力及强度计算………118

7.5.2 梁的切应力强度条件…………119

7.5.3 梁的合理截面…………………121

7.6 提高梁强度的措施…………………122

7.6.1 合理安排梁的受力情况………123

7.6.2 选用合理的截面形状…………123

7.6.3 采用变截面梁…………………124

7.7 应力状态分析与强度理论…………125

7.7.1 应力状态的概念………………125

7.7.2 平面应力状态的应力分析——解析法………………………126

7.7.3 应力圆……………………………129

7.7.4 三向应力状态的最大应力……130

7.7.5 空间应力状态的广义胡克定律……131

7.7.6 强度理论的概念………………132

第8章 组合变形………………………141

8.1 斜弯曲…………………………………141

8.1.1 组合变形的概念………………141

8.1.2 正应力计算……………………141

8.2 偏心压缩………………………………145

8.2.1 单向偏心压缩时的正应力计算……145

8.2.2 双向偏心压缩时的正应力计算……147

8.2.3 截面核心………………………150

第9章 压杆稳定………………………154

9.1 细长压杆临界力计算………………154

9.1.1 压杆稳定的概念………………154

9.1.2 细长压杆的临界力……………155

9.1.3 临界力的欧拉公式……………156

9.2 压杆的稳定性计算…………………158

9.2.1 压杆的稳定条件………………158

9.2.2 折减系数………………………159

9.2.3 压杆的稳定计算………………159

9.2.4 提高压杆稳定性的措施………161

第10章 静定结构的受力分析·················165

10.1 静定多跨梁·················165
10.1.1 多跨静定梁的几何组成特点·········165
10.1.2 多跨静定梁的内力分析···········166

10.2 静定平面刚架·················169
10.2.1 刚架的组成及特点·············169
10.2.2 静定平面刚架的内力分析·········169

10.3 静定平面桁架·················174
10.3.1 相关知识···················174
10.3.2 结点法求内力················175
10.3.3 截面法求内力················178
10.3.4 截面法和结点法的联合应用········180

10.4 三铰拱简介··················181
10.4.1 概述······················181
10.4.2 三铰拱的计算·················181
10.4.3 三铰拱的合理拱轴线简介·········182

附录 常用型钢性能规格参数表·········186

参考文献························191

第 1 章 导论

力学就是用数学方法研究机械运动的学科。"力学"一词译自英语 mechanics，源于希腊语"机械"，因为机械运动是由力引发的。mechanics 在 19 世纪 50 年代作为研究力的作用的学科名词传入中国后沿用至今。力学是一门基础科学，它所阐明的规律带有普遍的性质，为许多工程技术提供理论基础。力学又是一门技术学科，为许多工程技术提供设计原理、计算方法、试验手段。力学在工程技术方面的应用结果形成了工程力学或应用力学。工程力学主要由理论力学和材料力学两门分支学科组成。应用力学则是由理论力学静力学部分、材料力学、结构力学三门力学分支学科根据道路、桥梁及土建类专业培养目标要求，按照知识内在联系组成的力学知识体系。

理论力学与高中物理中有关内容相衔接，主要探讨作用力对物体的外效应（物体运动的改变），研究的是刚体，是各门力学的基础。其他力学研究的均为变形体，研究力系的简化和平衡、点和刚体运动学和复合运动，以及质点动力学的一般理论与方法。

材料力学主要探讨作用力对物体的内效应（物体形状的改变），研究杆件的拉、压、弯、剪、扭变形特点，对其进行强度、刚度及稳定性分析计算。

结构力学在理论力学和材料力学基础上进一步研究分析计算杆件结构体系的基本原理与方法，了解各类结构受力性能。

交通土建工程主导专业课程的建构是基于几大力学课程来实现的，若缺乏对几大力学的基本概念、物理意义和求解方法的深入理解，想真正掌握好相关专业课程，做好有关工程设计、施工、监理乃至进一步的科研工作，是不可想象的。所以，掌握力学的基础理论和计算方法，是进一步学习专业课程的必要基础。

1.1 应用力学的研究对象和任务

视频：应用力学导论

1.1.1 应用力学的研究对象

工程结构是由基本构件（如拉杆、柱、梁、板等）按照合理的方式所组成的构件体系，用以支承荷载并担负预定的任务，如桥梁（图 1-1）、房屋等。

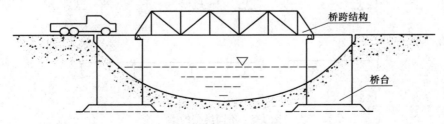

图 1-1 桥梁结构图

理论力学研究的是刚体、质点。刚体是指在运动中和受力作用后，形状和大小不变，而且内部各点的相对位置不变的物体；质点模型是用一个具有同样质量，但没有大小和形状的点来代替实际物体，这是对实际物体的一种科学抽象。因为任何物体无论其大小，都是有一定尺寸的。但为了解决问题的方便，当物体的线度对所考虑的问题可以忽略时，就可以将物体当作质点来考虑。如一辆汽车从北京到上海，在计算它的速度时可以将汽车当作质点，因为相对于几千千米的路程而言，车的线度太小了。又如在地球绕太阳公转时，可以将地球当作质点，虽然地球很大；但当研究地球自转时，就不能将它当作质点了。

材料力学研究的是单个杆件(图 1-2)。杆件的几何特征是它的截面尺寸远小于长度。

弹性力学研究的是杆件(更精确)、板、壳及块体(挡土墙)等非杆状结构(图 1-3)。

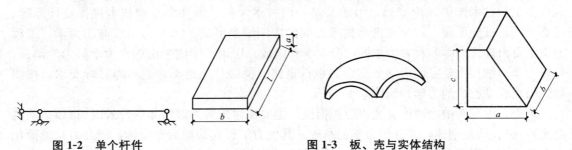

图 1-2 单个杆件　　　　　　　图 1-3 板、壳与实体结构

结构力学研究的是由杆件系统(Framed Structure)(图 1-4)组成的工程结构。

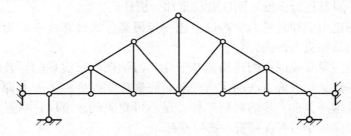

图 1-4 杆件系统

杆件系统按其受力和变形特性可以分为梁、拱、刚架、桁架，以及各类构件或结构组合而成的组合结构。

1. 梁

梁是一种受弯构件，其轴线通常为直线。当水平梁只受竖向荷载作用时，其横截面上的内力只有弯矩和剪力，没有轴力。梁有单跨和多跨两种类型，如图 1-5 所示。

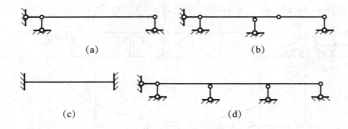

图 1-5 不同类型的梁

(a)单跨简支梁；(b)多跨静定连续梁；(c)单跨超静定梁；(d)多跨超静定连续梁

2. 拱

拱是轴线为曲线，且在竖向荷载作用下支座会产生水平反力的结构，如图 1-6 所示。其受力特征是杆件内有弯矩、剪力和轴力，而支座的水平反力会使拱的弯矩远小于相同跨度、荷载及支承情况的梁的弯矩。

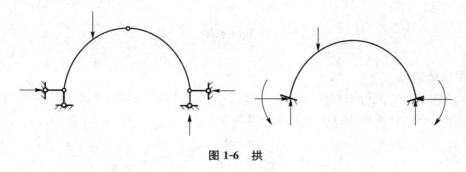

图 1-6　拱

3. 刚架

刚架由直杆组成。其结点通常为刚结点，如图 1-7 所示。各杆主要受弯曲作用，内力通常有弯矩、剪力和轴力等。

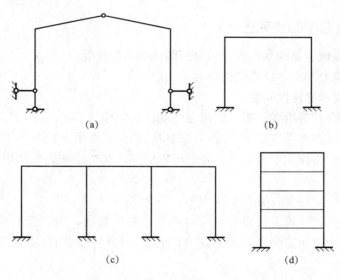

图 1-7　刚架

(a)三铰刚架；(b)门式刚架；(c)联排刚架；(d)多层刚架

4. 桁架

桁架是由若干直杆的两端用铰连接而成的结构，如图 1-8 所示。当只受到作用于结点的集中力时，桁架各杆只产生轴力。

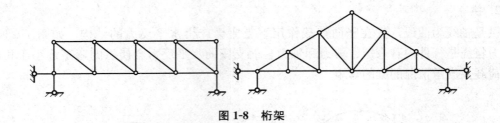

图 1-8 桁架

5. 组合结构

组合结构主要是由桁架和梁或刚架组合在一起的结构,如图 1-9 所示。其中有些杆件只承受轴力,有些杆件承受弯矩、剪力和轴力。

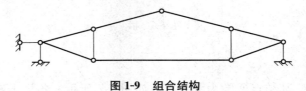

图 1-9 组合结构

1.1.2 应用力学的研究任务

(1)研究物体机械运动的基本规律和分析刚体的力学性能。
(2)根据结构受力特点,计算结构内力及变形。
(3)强度、刚度和稳定性问题。
1)研究结构在荷载等因素作用下的内力(强度)及位移(刚度)。
强度:结构在外力作用下是否会破坏,如桥梁在火车作用下的内力计算。
刚度:结构在外力作用下的变形是否满足规定值,如桥梁在火车作用下的位移、挠度、转角计算。
2)研究结构的稳定性及在动力荷载作用下的反应。
稳定性研究应主要计算结构丧失稳定时的最小临界荷载,当承受的最大荷载小于该临界值时,保证结构处于稳定平衡的受力状态,如受压构件在轴向压力作用下,能否保持其直线平衡状态。

1.2 应用力学的力学模型

1.2.1 刚体

力作用后不产生变形的物体称作刚体。在静力学中,力作用下物体的平衡是研究的主要问题。物体的微小变形对平衡研究的影响很小,因此,可以认为在外力作用下,物体的大小和形状都不会发生变化,此时将物体视为刚体进行分析可以简化计算。刚体是一种理想的力学模型。

1.2.2 变形固体及其基本假设

在土木工程中，虽然结构或构件及其所用的材料的物质结构和性质是多种多样的，但都具有一个共同的特点，即它们都是固体，如钢、铸铁、木材、混凝土等。在静力学中，曾将固体(物体)看成刚体，即考虑固体在外力作用下其大小和形状都不发生变化。但实际上，自然界中刚体是不存在的，这些物体在外力作用下或多或少都会产生变形。在外力作用下，产生变形的固体材料称为变形固体。当研究构件在外力作用下的强度、刚度和稳定性问题时，微小的变形往往也是主要的影响因素之一，如果忽略，将会导致严重的后果，这时就应将组成构件的各种固体都视为变形体来对待。

变形固体在外力作用下产生的变形有两类：一类是弹性变形，这种变形会随着外力的消失而消失；另一类是塑性变形(或称为残余变形)，这种变形在外力消失时也不会消失。一般的变形固体变形时，既有弹性又有塑性。但工程中常用的材料，如果作用的外力不超过一定范围时，此时塑性变形很小，就可以将物体看作只有弹性变形而没有塑性变形。只有弹性变形的物体称为理想弹性体，引起弹性变形的外力范围称为弹性范围。材料力学主要是研究物体在弹性范围内的变形及受力。

对用变形固体材料做成的构件进行强度、刚度和稳定性计算时，由于其组成和性质十分复杂，为了便于研究，使问题得到简化，经常略去一些次要性质，将它们抽象为一种理想模型，然后再进行理论分析。根据变形固体的主要性质，对其做如下基本假设。

1. 均匀连续性假设

即认为变形固体在其整个体积内都毫无空隙地充满物质，并且各部分的材料性质完全相同。实际上变形固体是由许许多多的微粒或晶体组成的，而微粒或晶体之间存在着空隙，材料在一定程度上沿各方向的力学性能都会有所不同，由于这些空隙与构件尺寸相比是极其微小的，因此这些空隙的存在及由此而引起性质上的差异，在研究构件受力和变形时都可以略去不计。

2. 各向同性假设

即认为无论从物体的任何部位取出任一部分，不论其体积大小如何，其在各个方向上的力学性能都是完全一样的。实际上，组成固体的微粒或晶体在不同方向上有着不同的性质，但构件所包含的晶体数量极多，且晶粒的排列也是没有任何规律的，变形固体的性质就是这些晶粒性质的平均值，这样就可以将构件看成各向同性。工程中常使用的建筑材料，如浇筑好的混凝土、钢材等，都可以认为是各向同性材料；但是也有一些材料，如木材、一些复合材料等，沿其各方向的力学性能显然是不同的，则称为各向异性材料。

总之，应用力学是将实际材料看作均匀、连续、各向同性的变形固体，且限于小变形范围。

1.2.3 杆件变形的基本形式

所谓杆件，就是某一方面的尺寸(长度)远大于其他两个方向(横截面)尺寸的构件。杆件在外力作用下会产生各种各样的变形，但无论这些变形如何复杂，归纳起来有以下四种或者是这四种基本变形的组合。

1. 轴向拉伸和轴向压缩

在一对作用线与杆轴线重合，且大小相等、方向相反的外力作用下，杆件的主要变形是长度的改变。这种变形形式称为轴向拉伸或轴向压缩，如图1-10(a)所示，如在荷载作用下，简单桁架中的有些杆件发生轴向拉伸，有些杆件发生轴向压缩。

2. 剪切

在一对相距很近的大小相等、方向相反的横向外力作用下，杆件的主要变形是通过相邻横截面沿外力作用线方向发生错动，这种变形形式称为剪切，如图 1-10(b)所示。剪切变形通常多与其他变形共同存在。

3. 扭转

在一对大小相等、转向相反、作用在横截面上的外力偶作用下，杆的任意两个横截面将绕轴线发生相对转动，而轴线仍维持直线，这种变形形式称为扭转，如图 1-10(c)所示。

4. 弯曲

在一对大小相等、转向相反、作用在杆的纵向平面的外力偶作用下，杆的相邻两个横截面将绕垂直于杆轴线的轴发生相对转动，变形后的杆轴将弯成曲线，这种变形形式称为弯曲，如图 1-10(d)所示。

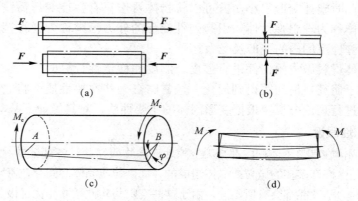

图 1-10　杆件的四种基本变形
(a)轴向拉伸和轴向压缩；(b)剪切；(c)扭转；(d)弯曲

实践中，杆件可能同时承受不同形式的荷载而发生复杂的变形，通过分析，都可以看成上述基本变形的组合。由两种或两种以上基本变形组合而成的变形称为组合变形。

1.3　荷载及其分类

视频：荷载的分类

1.3.1　荷载

荷载是作用在结构上的主动力，如结构的自重，结构上面的货物、设备、人群、风等。荷载类型不同，在进行结构设计计算中所乘以的分项系数也不同。

1.3.2　荷载的分类

1. 按荷载作用在结构上时间的长短分类

(1)恒载。恒载也称永久荷载，是指永久作用在结构上，且大小、方向都不变化的荷载，如结构自重、永久设备质量等。

(2)活载。活载也称可变荷载，是指暂时作用在结构上且位置可以变动的荷载，如结构上的临时设备、人群、货物、屋面上的雪重、风力、水压力等。计算恒载作用在结构上的强度可通过内力分析进行，而对活载，还要涉及影响线和包络图的概念。

2. 按荷载作用性质及结构的反应特征分类

(1)静力荷载。静力荷载是指大小、方向和位置不随时间变化或变化极为缓慢，不使结构产生显著的加速度，而惯性力的影响可以忽略的荷载。

(2)动力荷载。动力荷载是指荷载随时间迅速变化或在短时间内突然作用或消失，使结构产生显著的加速度，而惯性力不可忽略的荷载。常见的动力荷载有机械荷载、脉动风压和地震作用等。

(3)移动荷载。移动荷载是指作用在结构上的仅位置移动，但大小和方向都不变，或者位置不移动，但大小和位置发生改变的荷载。移动荷载在结构上移动的过程中，结构的内力和变形都是变化的，但结构无明显振动，始终保持静力平衡。车辆、人群、积雪和灰尘等可视为移动荷载。

3. 按荷载作用区域的大小分类

(1)集中荷载。当荷载作用于结构上的面积很小时，可以认为荷载集中作用在结构上的一点，称为集中荷载或集中力。

(2)分布荷载。分布荷载是指连续分布在结构上的荷载，如面荷载、线荷载等。

本章小结

一、应用力学的研究对象和任务

1. 应用力学研究对象

理论力学：研究质点、刚体(刚体是指在运动中和受力作用后，形状和大小不变，而且内部各点的相对位置不变的物体；质点模型，是用一个具有同样质量，但没有大小和形状的点来代替实际物体，这是对实际物体的一种科学抽象)。

材料力学：研究单个杆件(杆件的几何特征是其截面尺寸远小于长度)。

弹性力学：研究杆件(更精确)、板、壳及块体(挡土墙)等非杆状结构。

结构力学：研究由杆件系统组成的工程结构。

2. 应用力学研究任务

(1)研究物体机械运动的基本规律和分析刚体的力学性能。

(2)根据结构受力特点，计算结构内力及变形。

(3)强度、刚度和稳定性问题。

二、应用力学的力学模型

1. 刚体

力作用后不产生变形的物体称作刚体。

2. 变形固体及其基本假设

应用力学主要是研究物体在弹性范围内的变形及受力，对变形固体做如下基本假设：

(1)均匀连续性假设；

(2)各向同性假设；

3. 杆件变形的基本形式
(1)轴向拉伸和轴向压缩；
(2)剪切；
(3)扭转；
(4)弯曲。

三、荷载及其分类

1. 荷载

荷载是作用在结构上的主动力，如结构的自重，结构上面的货物、设备、人群、风等，荷载类型不同，在进行结构设计计算中所乘以的分项系数也不相同。

2. 荷载的分类

(1)按荷载作用在结构上时间的长短分类。
1)恒载；
2)活载。
(2)按荷载作用性质及结构的反应特征分类。
1)静力荷载；
2)动力荷载；
3)移动荷载。
(3)按荷载作用区域的大小分类。
1)集中荷载；
2)分布荷载。

习 题

1-1 应用力学有哪些任务？
1-2 变形固体的基本假定是什么？
1-3 杆件的基本变形形式有哪些？
1-4 什么是荷载？荷载怎么分类？

第 2 章　静力学基础

2.1　静力学公理

视频：力的概念　　视频：静力学基本公理　　视频：二力平衡公理（二力构件）

2.1.1　力的基本知识

1. 力

力是物体间相互的机械作用，这种作用使物体的运动状态发生改变或引起物体变形。其效应有两种：一种是使物体的运动速度大小或运动方向发生变化的效应，称为力的运动效应或外效应；另一种是使物体产生变形的效应，称为力的变形效应或内效应。例如，踢球或打铁，由于人对物体施加了力，则使球的速度大小或运动方向发生改变或使铁块产生了变形。

2. 力的三要素

力的大小、方向、作用点称为力的三要素。实践表明，力对物体的作用效果，完全取决于这三个因素，如果改变这三个因素中的任一个因素，都会改变力对物体的作用效果。

力是一个既有大小又有方向的量，即矢量。通常用一个带箭头的线段表示力的三要素。线段的长度（按选定的比例）表示力的大小，线段的方位和箭头表示力的方向，带箭头线段的起点或终点表示力的作用点（图 2-1）。通过力的作用点并沿着力的方位的直线，称为力的作用线。本书中用黑体字如 **F**、**P** 等表示力矢量，用普通字母如 F、P 等表示矢量的大小。

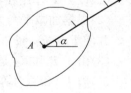

图 2-1　力

3. 力的单位

本书采用国际单位制，力的国际单位是牛顿（N）或千牛顿（kN）。

2.1.2　静力学基本公理

静力分析中的几个基本公理是人类长期经验的积累与总结，又经实践反复检验，证明是符合客观实际的普遍规律。它阐述了力的一些基本性质，是静力学的基础。

1. 二力平衡公理

刚体在两个力作用下保持平衡的必要和充分条件是：此两力大小相等、方向相反、作用在一条直线上。这个公理说明了刚体在两个力作用下处于平衡状态时应满足的条件，如图 2-2 所示。

对于只受两个力作用而处于平衡的刚体，称为二力构件。根据二力平衡条件可知：二力构件无论其形状如何，所受两个力的作用线必沿二力作用点的连线，如图 2-3 所示。

若一根直杆只在两点受力作用而处于平衡,则此两力作用线必与杆的轴线重合,此杆称为二力杆件,如图 2-4 所示。

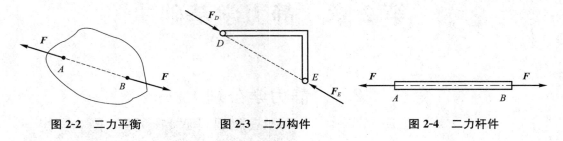

图 2-2　二力平衡　　　　图 2-3　二力构件　　　　图 2-4　二力杆件

必须指出:二力平衡公理只适用于刚体,不适用于变形体。例如,绳索的两端受到大小相等、方向相反,沿同一条直线作用的两个压力,是不能平衡的。

2. 加减平衡力系公理

在作用于刚体的力系中,加上或去掉一个平衡力系,并不改变原力系对刚体的作用效果。就是因为一个平衡力系作用在物体上,对物体的运动状态是没有影响的,即新力系与原力系对物体的作用效果相同。

由上述两个公理可以得出推论——力的可传性。

推论:力的可传性

作用在刚体上的力可沿其作用线移动到刚体内任一点,而不改变该力对刚体的作用效果,这个推论称为力的可传性。

证明(图 2-5):

(1) 设力 F 作用在物体 A 点。

(2) 根据加减平衡力系公理,可在力的作用线上任取一点 B,加上一个平衡力系 F_1 和 F_2,并使 $F_1 = F_2 = F$。

(3) 由于 F 和 F_2 是一个平衡力系,可以去掉,所以只剩下作用在 B 点的力 F_1。

(4) 力 F_1 和原力等效,就相当于把作用在 A 点的力 F 沿其作用线移到 B 点。由此,力的可传性得到证明。

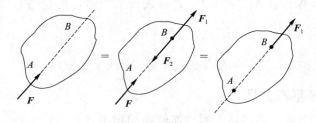

图 2-5　力的可传性

力的可传性只适用于刚体而不适用于变形体。因为如果改变变形体受力的作用点,则物体上发生变形的部位也将随之改变,这也就改变了力对物体的作用效果。

3. 平行四边形公理

作用于物体上同一点的两个力,可以合成为一个合力,合力的作用点也作用于该点,合力的大小和方向用这两个力为邻边所构成的平行四边形的对角线表示,如图 2-6(a)所示。

力的平行四边形法则是力系合成与分解的基础。这种求合力的方法，称为矢量加法，其矢量式为

$$R = F_1 + F_2$$

即作用于物体上同一点的两个力的合力，等于这两个力的矢量和。

为了方便，也可由 O 点作矢量 F_1，再由 F_1 的末端作矢量 F_2，则矢量 OC 即合力 R，如图 2-6(b)所示。这种求合力的方法称为**力的三角形法则**。

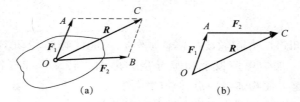

图 2-6　力的合成

应用上述公理可推导出同平面不平行三力平衡时的汇交定理。

推论：三力平衡汇交定理

若一刚体受三个共面而互不平行的力作用处于平衡时，则此三力必汇交于一点。

证明：如图 2-7 所示，刚体在 F_1、F_2、F_3 三个力作用下处于平衡，首先按力的平行四边形法则将 F_1、F_2 合成一个合力 F_{12}，这时，刚体在 F_{12} 和 F_3 作用下处于平衡。由二力平衡公理可知，F_{12} 与 F_3 必共线，即力 F_3 必通过 F_1 和 F_2 的交点 O。定理由此证明。

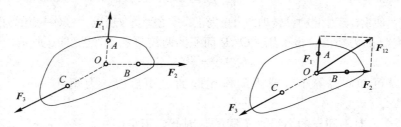

图 2-7　三力平衡汇交

4. 作用与反作用公理

两个物体间的作用力和反作用力总是同时存在，它们大小相等，方向相反，沿同一直线分别作用在两个物体上。

这个公理概括了任何物体间相互作用的关系，无论物体是处于平衡状态还是处于运动状态，也无论物体是刚体还是变形体，该公理都普遍适用。力总是成对出现的，有作用力必有反作用力。

例如，地面上有一个物体处于静止状态，如图 2-8 所示，地面对物体有一个作用力 N 作用在物体上，而物体对地面也有一个反作用力 N' 作用在地面上，力 N 和 N' 大小相等，方向相反，沿同一条直线分别作用在物体和地面上，是一对作用力和反作用力。物体在重力 G 和支持力 N 两个力的作用下处于平衡，因此，力 G 和 N

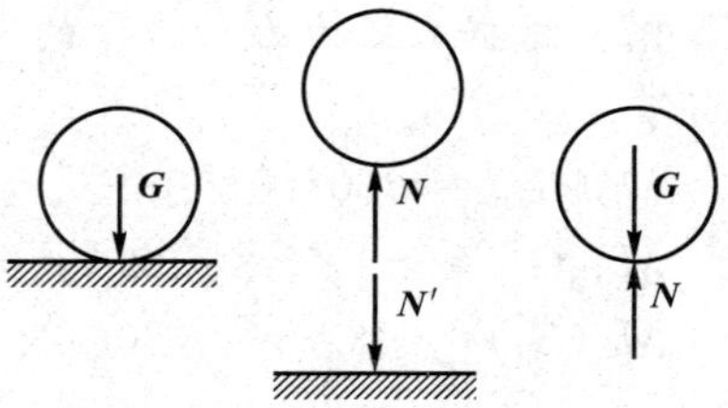

图 2-8　物体受力

是一对平衡力。

需要强调的是，作用和反作用的关系与二力平衡条件有本质的区别：作用力和反作用力是分别作用在两个不同的物体上；而二力平衡条件中的两个力则是作用在同一物体上，它们是平衡力。

2.2 力矩

视频：力矩

从生活和实践中知道，力除能使物体移动外，还能使物体转动。例如，用扳手拧螺母时，加力可使扳手和螺母绕螺母轴线转动，如杠杆、定滑轮等简易机械也是力使物体绕一点转动的实例。

力使物体产生转动效应与哪些因素有关呢？例如用扳手拧螺母时，力 F 使扳手绕螺母中心 O 转动的效应，不仅与力 F 的大小成正比，还与螺母中心 O 到该力 F 作用线的垂直距离 d 成正比。另外，扳手的转向可能是逆时针方向，也可能是顺时针方向。

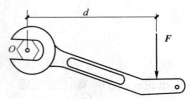

图 2-9 力矩

因此，用力的大小 F 与力臂 d 的乘积 Fd，再加上正负号来表示力 F 使物体绕 O 点转动的效应，如图 2-9 所示，称为力 F 对 O 点的力矩，用符号 $M_O(\boldsymbol{F})$ 或 M_O 表示，单位是牛顿·米（N·m）或千牛·米（kN·m）。

$$M_O(\boldsymbol{F}) = \pm Fd \tag{2-1}$$

一般规定，使物体产生逆时针转动的力矩为正；反之为负。所以，力对一点的力矩为代数量。

力 $\boldsymbol{F}$ 对点 O 的力矩值，也可用△OAB 面积的两倍表示，如图 2-10 所示，即

$$M_O(\boldsymbol{F}) = \pm 2S_{\triangle OAB} \tag{2-2}$$

由式（2-1）可知，力等于零或力的作用线通过矩心时，力矩为零。

一般同一个力对不同点的力矩是不同的，因此，不指明矩心来计算力矩是没有意义的，所以，在计算力矩时一定要明确是对哪一点的力矩。

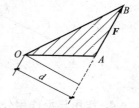

图 2-10 △OAB 示意

矩心的取法很灵活，根据需要可以任意取在物体上，也可取在物体外。

【例 2-1】 已知图 2-11 中，某设备上的摆锤重 $G=4$ kN，位置 1 竖直向下，悬挂点 O 到摆锤重心 C 的距离 $l=5$ m，位置 2 夹角 $\theta=30°$，位置 3 为水平，试求摆锤分别在 3 个位置时对 O 点的力矩。

解：根据力矩为力与力臂的乘积，并考虑转向，计算过程如下：

$M_O(\boldsymbol{G}_1) = 4 \times 0 = 0$

$M_O(\boldsymbol{G}_2) = -4 \times 5 \times \sin 30° = -10 \text{（kN·m）}$

$M_O(\boldsymbol{G}_3) = -4 \times 5 = -20 \text{（kN·m）}$

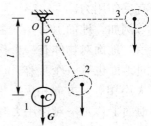

图 2-11 例 2-1 图

2.3 力偶

视频：力偶

2.3.1 力偶的概念

物体受到大小相等、方向相反的两共线力作用时，保持平衡状态。但是，当两个力大小相等、方向相反、不共线而平行时，物体能否保持平衡呢？实践表明，物体将产生转动。汽车驾驶员用双手转动方向盘，工人师傅用双手去拧攻丝扳手，人们用手指旋转钥匙或水龙头等（图2-12），都是上述受力情况的实例。在力学中，将大小相等、方向相反的平行力组成的力系，称为力偶，并记作(F, F')。力偶对物体只产生转动效应，而不产生移动效应。力偶中两力所在的平面叫作力偶作用面；两力作用线间的垂直距离 d 称为力偶臂（图2-13）。

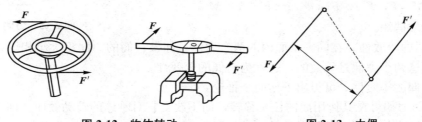

图 2-12 物体转动   图 2-13 力偶

2.3.2 力偶矩

由经验可知，力偶对物体的转动效应，取决于力偶中力和力偶臂的大小及力偶的转向。因此，在力学中以 Fd 的乘积加上正负号作为度量力偶对物体转动效应的物理量，称为力偶矩，以符号 $M(F, F')$ 或 M 表示。即

$$M(F, F') = \pm F \cdot d \text{ 或 } M = \pm F \cdot d \tag{2-3}$$

式(2-3)表示力偶矩是一个代数量，其绝对值等于力的大小与力偶臂的乘积，正负号表示力偶的转向。通常规定力偶逆时针旋转时，力偶矩为正；反之为负。在平面问题中，力偶可以用力和力偶臂表示，也可以用一个带箭头的弧线表示力偶，如图2-14所示，箭头表示力偶的转向，M 表示力偶矩的大小。力偶矩的单位力矩单位相同，为 kN·m 或 N·m。

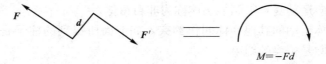

图 2-14 力偶矩的表示方法

2.3.3 力偶的三要素

实践证明，力偶对物体的作用效果由力偶矩的大小、力偶的转向、力偶作用面的方位三个因素决定。这三个因素称为力偶的三要素。

2.3.4 力偶的基本性质

根据前面的讲述，将力偶的基本性质归纳如下：

(1) **力偶无合力**。力偶不能用一个力来代替，因为力偶对物体只有转动效应，而无移动效应。一般情况，力既有移动效应，又有转动效应，所以，力偶既不能与一个力等效，也不能与一个力来平衡。力偶只能用力偶来平衡。

(2) **力偶对其作用面内任一点的力矩恒等于力偶矩，而与矩心位置无关**。

证明：设有一力偶$(\boldsymbol{F}, \boldsymbol{F}')$作用在物体上，其力偶矩为$M=Fd$，如图 2-15 所示。在力偶的作用面内任取一点$O$为矩心，显然，力偶使物体绕$O$点转动的效应等于组成力偶的两个力对$O$点之矩的代数和。用$x$表示从$O$点到力$\boldsymbol{F}'$的垂直距离，则两个力对$O$点之矩的代数和为

$$M_O(\boldsymbol{F}, \boldsymbol{F}') = F(d+x) - F' \cdot x = M$$

此值即等于力偶矩。

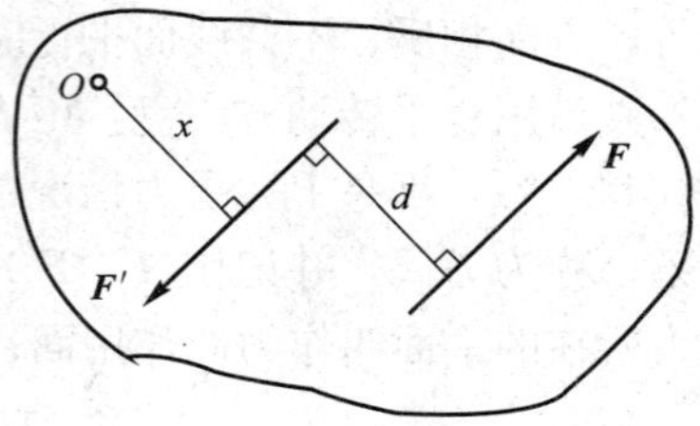

图 2-15 力偶

(3) **力偶的等效性**。在同一平面内的两个力偶，如果它们的力偶矩大小相等，力偶的转向相同，则这两个力偶是等效的，这称为力偶的等效性。

根据力偶的等效性，可得出下面两个推论：

推论 1 力偶可在其作用面内任意移转，而不改变它对刚体的转动效应。即力偶对刚体的转动效与其在作用面内的位置无关。

推论 2 在保持力偶大小和转向不变的情况下，可任意改变力偶中力的大小和力偶臂的长短，而不改变它对刚体的转动效应。

2.4 约束和约束反力

视频：约束和约束反力(一)　　视频：约束和约束反力(二)

2.4.1 约束与约束反力的概念

在工程中，将能自由地向空间任意方向运动的物体称为**自由体**，如人工上抛的砖块，在空中自由飞行的飞机等。实际上任何构件都受到与它相联系的其他构件的限制，而不能自由运动。例如，大梁受到柱子的限制，柱子受到基础的限制，桥梁受到桥墩的限制等。这些在空间某一方向运动受到限制的物体称为**非自由体**。

通常将限制物体运动的其他物体叫作**约束**，如上面所提到的柱子是大梁的约束，基础是柱子的约束，桥墩是桥梁的约束。

物体受到的力一般可分为两类：一类是使物体产生运动或运动趋势的力，称为**主动力**，如重力、风压力、水压力、土压力等；另一类是约束对于被约束物体的运动起限制作用的力，称为**约束反力**，简称**反力**。约束反力的方向总是与约束所能限制的运动方向相反。

如图 2-16 所示，球体受到水平面的约束，不能竖直向下运动，所以，约束反力N_B方向竖直向上；球体受到竖直面的约束，不能水平向左运动，所以，约束反力N_A方向水平向右。

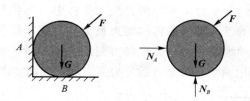

图 2-16 约束反力

通常主动力是已知的,约束反力则是未知的。因此,正确地分析约束反力是对物体进行受力分析的关键。

2.4.2 几种常见的约束及其反力

1. 柔体约束

绳索、链条、皮带等用于阻碍物体运动时,称为柔体约束。由于柔体只能承受拉力,而不能承受压力,所以它们只能限制物体沿着柔体伸长的方向运动。因此,柔体对物体的约束反力是**通过接触点,沿柔体中心线作用的拉力**,常用字母 **T** 表示,如图 2-17 所示,吊灯受到钢丝绳的约束反力 **T**。在图 2-18 所示的皮带轮中,皮带对两轮的约束反力分别为 F_1、F_2 和 F_1'、F_2'。

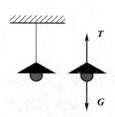

图 2-17 吊灯受力

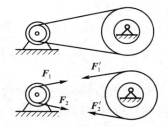

图 2-18 皮带轮受力

2. 光滑面约束

当物体在接触处的摩擦力很小,即可以忽略不计时,两物体彼此的约束就是光滑面约束。这种约束只能限制物体沿着接触面的公法线指向接触面的运动,而不能限制物体沿着接触面的公切线或离开接触面的运动,所以,光滑面的约束反应是**通过接触点,沿公法线方向指向被约束物体,是压力**,常用字母 **N** 表示,如图 2-19 所示。

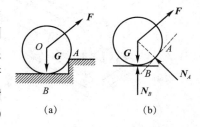

图 2-19 光滑面约束

3. 圆柱铰链约束

圆柱铰链约束简称铰链,门窗用的合页便是铰链的实例。圆柱铰链由一个圆柱形销钉插入两个物体的圆孔中构成,且认为销钉与圆孔的表面都是光滑的,如图 2-20(a)所示。圆柱铰链的力学简图如图 2-20(b)所示。

销钉不能限制物体绕销钉相互转动,只能限制物体在垂直于销钉轴线的平面内沿任意方向的相对移动,当物体相对于另一物体有运动趋势时,销钉与孔壁便在某处接触,且接触处是光滑的，由光滑面约束反力可知，销钉反力沿接触点与销钉中心的连线作用，但由于接触点随主动力而变，所以，**圆柱铰链的约束反力在垂直于销钉轴线的平面内，通过销钉中心，而方向未定**。这种约束反力有大小和方向两个未知量，可用一个大小和方向都是未知的力 **R** 来表示，一般用两个互相垂直的分力来表示，如图 2-20(c)所示。

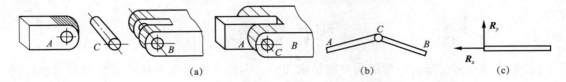

图 2-20　圆柱铰链约束

(a)圆柱铰链；(b)力学简图；(c)反力的分解

工程上应用铰链约束的装置有以下几种：

(1)链杆约束。链杆约束就是两端用销钉与物体相连且中间不受力(自重忽略不计)的直杆。这种约束只能限制物体沿着链杆中心线运动，指向未定。链杆的力学简图及其反力如图 2-21 所示。

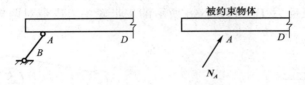

图 2-21　链杆约束

(2)固定铰支座。用圆柱铰链连接的两个构件中，如果有一个固定不动，就构成固定铰支座。这种支座能限制构件沿圆柱销半径方向的移动，而不能限制其转动，其约束反力与圆柱铰链相同。可用两个互相垂直的分力来表示。固定铰支座的简图及其反力如图 2-22 所示。

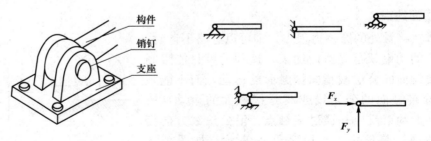

图 2-22　固定铰支座

(3)可动铰支座。将铰链支座下面增加几个辊轴，在水平面上即构成可动铰支座，如图 2-23(a)所示。这种支座不能限制被支承构件绕销钉的转动和沿支承面方向的运动，而只能阻止构件在垂直于支承面方向向下运动。在附加特殊装置后，也能阻止其向上运动。因此，可动铰支座的约束反力垂直于支承面且通过销钉中心，其大小和方向待定。可动铰支座的计算简图和约束反力如图 2-23(b)所示。

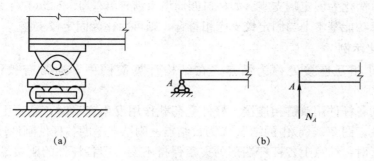

图 2-23 可动铰支座
(a)示意图;(b)计算简图和约束反力

4. 固定端支座

如房屋建筑中的挑梁,它的一端嵌固在墙壁内,墙壁对挑梁的约束,既限制其沿任何方向移动,又限制其转动,这样的约束称为固定端支座。固定端支座的构造简图如图 2-24(a)所示,计算简图如图 2-24(b)所示。由于这种支座既限制构件的移动,又限制构件的转动,所以,它除了产生水平和竖向约束反力外,还有一个阻止转动的约束反力偶,如图 2-24(c)所示。

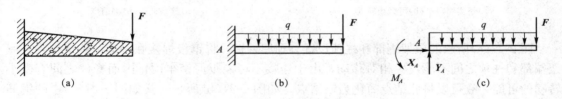

图 2-24 固定端支座
(a)构造简图;(b)计算简图;(c)约束反力偶

2.4.3 绘制结构计算简图

实际结构是比较复杂的,无法按照结构的真实情况进行力学计算。因此,进行力学分析时,必须选用一个能反映结构主要特性的简化模型来代替真实结构,这样的简化模型称为结构计算简图。结构计算简图忽略了真实结构的许多次要因素,保留了真实结构的主要特点。

确定一个结构的计算简图,通常要进行结构系统的简化、构件的简化、支座的简化、结点的简化、荷载的简化等。

1. 支座简化示例

可动铰支座、固定铰支座、固定端支座等都是理想的支座。实际上,在土建工程中,很难见到这些理想支座。为了便于计算,在确定结构的计算简图时,要分析实际结构支座的主要约束功能与哪种理想支座的约束功能相符合,据此将工程结构的真实支座简化为力学中的理想支座。

图 2-25 所示的预制钢筋混凝土柱置于杯形基础,基础下面是比较坚实的地基土。如杯口四周用细石混凝土填实[图 2-25(a)],柱端被坚实地固定,其约束功能基本上与固定端支

座相符合，则可简化为固定端支座。如杯口四周填入沥青麻丝[图 2-25(b)]，柱端可发生微小转动，其约束功能基本上与固定铰支座相符合，则可简化为固定铰支座。

2. 结点简化示例

结构中杆件相互连接处称为结点。在结构计算简图中，通常有铰结点和刚结点两种。

铰结点上的各杆件用铰链相连接。杆件受荷载作用发生变形时，结点上各杆件端部的夹角会发生改变。图 2-26(a)中的结点 A 为铰结点。刚结点上的各杆件刚性连接。杆件受荷载作用发生变形时，结点上各杆杆端部的夹角保持不变，即各杆件的刚接端部都有一相同的旋转角度 φ。图 2-26(b)中的结点 A 为刚结点。

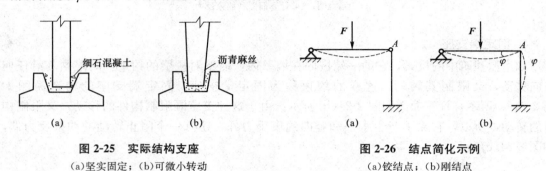

图 2-25 实际结构支座
(a)坚实固定；(b)可微小转动

图 2-26 结点简化示例
(a)铰结点；(b)刚结点

图 2-27(a)所示的屋架端部和柱顶设置有预埋钢板，将钢板焊接在一起，构成结点。屋架端部和柱顶之间不能发生相对移动，由于连接不可能很严密牢固，因而杆件之间有微小转动的可能，故可以将此结点简化为铰结点，如图 2-27(b)所示。又如图 2-27(c)中的钢筋混凝土框架顶层的结点，梁与柱的结点可简化为刚结点，如图 2-27(d)所示。

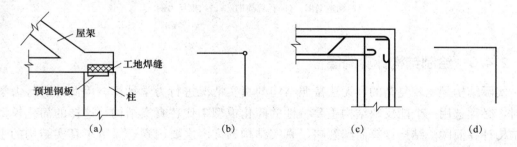

图 2-27 结点简化
(a)焊接结点；(b)简化为铰结点；(c)梁柱结点；(d)简化为刚结点

3. 绘制梁的计算简图

如图 2-28(a)所示，一根梁两端搁在墙上，上面放一重物。简化时，梁本身用其轴线来代表，重物可近似看作集中荷载，梁的自重力则可看作均布荷载梁两端的反力，假定为均匀分布，并以其作用于墙宽中点的合力来代替。考虑到梁端支承面有摩擦，梁不能左右移动，但受热膨胀时仍可伸长，故可将其一端视为固定铰支座而另一端视为活动铰支座。简化后得到的计算简图如图 2-28(b)所示。

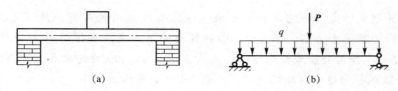

图 2-28 梁的计算简图
(a)结构简图；(b)受力分布

2.5 物体的受力分析与受力图

2.5.1 概述

(1)在实际工程中，为了进行力学计算，首先要对物体进行受力分析，即分析物体受了哪些力的作用，哪些是已知的、哪些是未知的，以及每个力的作用位置和力的作用方向。

视频：物体的受力分析与受力图(一)

视频：物体的受力分析与受力图(二)

视频：结构计算简图与物体受力图

为了清晰地表示物体的受力情况，将需要研究的物体从周围物体中分离出来，单独画出它的简图，这个步骤叫作**选取研究对象**。被分离出来的研究对象称为**分离体**。在研究对象上画出它受到的全部作用力(包括主动力和约束反力)，这种表示物体受力的简明图形称为**受力图**。正确地画出受力图是解决力学问题的关键，是进行力学计算的依据。

(2)画受力图的步骤归纳如下：

1)明确研究对象。即明确画哪个物体的受力图，然后将与它相联系的一切约束(物体)去掉，单独画出其简单轮廓图形。需要注意的是，既可取整个物体系统为研究对象，也可取物体系统的某个部分作为研究对象。

2)画主动力。指重力和已知外力。

3)画约束反力。约束反力的方向和作用线一定要严格按约束类型来画，约束反力的指向不能确定时，可以假定。但要注意二力构件一定要先确定。

4)检查。不要多画、错画、漏画，注意作用与反作用关系。作用力的方向一旦确定，反作用力的方向必定与它相反，不能再随意假设。另外，在以几个物体构成的物体系统为研究对象时，系统中各物体间成对出现的相互作用力不再画出。

2.5.2 单个物体的受力图

在画单个物体的受力图之前，先要明确研究对象，再根据实际情况弄清楚与研究对象有联系的是哪些物体，这些和研究对象有联系的物体就是研究对象的约束，然后根据约束性质，用相应的约束反力来代替约束对研究物体的作用。经过这样的分析后就可画出单个物体的受力图。其一般步骤是：先画出研究对象的简图，再将已知的主动力画在简图上，最后在各相互作用点上画出相应的约束反力。

【例 2-2】 重力为 G 的球，放在支撑面 A 和 B 之间静止不动，假定接触处光滑，如图 2-29(a)所示，试画出球的受力图。

解： 以球为研究对象，将它单独画出来，和球有联系的物体有地球、支撑面 A 和 B。地球对球的作用力就是重力 G，作用于球心并铅垂向下；光滑支撑面 A 对球的约束反力是 N_A，它通过切点 A 并沿公法线指向球心；光滑支撑面 B 对球的约束反力是 N_B，它通过接触点 B 并沿公法线指向球心。球的受力图如图 2-29(b)所示。

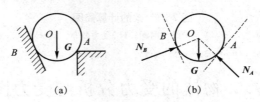

图 2-29　例 2-2 图
(a)实物图；(b)受力图

【例 2-3】 一梯子靠墙放置，如图 2-30(a)所示，试画出梯子的受力图（假定梯子与墙和地面的接触为光滑面接触）。

解： 以梯子为研究对象，将它单独画出来，与梯子有联系的物体有地球、墙面和地面。地球对梯子的吸引力就是重力 Q，作用于梯子重心并铅垂向下；水平地面对梯子的约束反力是 F_B，通过接触点 B 并沿公法线指向梯子；墙面与梯子接触点有 A 点和 C 点，对梯子的约束反力分别是 F_A 通过接触点 A 沿公法线指向梯子，F_C 通过接触点 C 沿公法线指向梯子。梯子的受力图如图 2-30(b)所示。

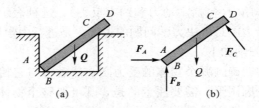

图 2-30　例 2-3 图
(a)实物图；(b)受力图

【例 2-4】 一直杆 AB 自重为 W，作用在重心 C 点，B 点处由绳子连接，如图 2-31(a)所示，试画出直杆 AB 的受力图。

解： 以直杆 AB 为研究对象，将它单独画出来，与直杆 AB 有联系的物体有地球、A 点处的固定铰支座，B 点处的绳子。地球对直杆 AB 的吸引力就是重力 W，作用于直杆重心并铅垂向下；绳子对直杆的约束反力是拉力 F_B 通过接触点 B，作用线与绳子轴线重合；A 点处固定铰支座对直杆的约束反力是一个作用在 A 点的力，这个力的作用线方位可根据三力平衡汇交定理确定下来，指向假定，根据已画出的 F_B 和 W，就可画出 F_A。直杆 AB 的受力图如图 2-31(b)所示。

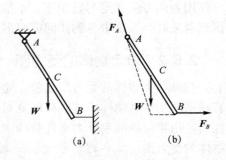

图 2-31　例 2-4 图
(a)实物图；(b)受力图

【**例 2-5**】 梁 AB 自重不计，其支承和受力情况如图 2-32(a)所示，试画出梁的受力图。

解：以梁为研究对象，将其单独画出。作用在梁上的主动力是已知均布荷载 q，A 端是可动铰支座，其约束反力是与支承面垂直的 $\boldsymbol{R}_A$，其指向不定，因此可任意假设斜向上方（或斜向下方），B 端为固定铰支座，其约束反力 $\boldsymbol{R}_B$ 的大小和方向未知，可用两个互相垂直的分力 $\boldsymbol{X}_B$、$\boldsymbol{Y}_B$ 表示。梁 AB 的受力图如图 2-32(b)所示。

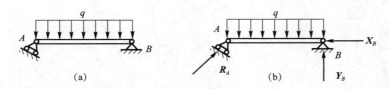

图 2-32 例 2-5 图
(a)支承和受力情况；(b)受力图

2.5.3 物体系统的受力图

物体系统受力图的画法与单个物体的受力图画法基本相同，区别只在于所取的研究对象是由两个或两个以上的物体联系在一起的物体系统。研究时只需要将物体系统看作一个整体，在其上画出主动力和约束反力，注意物体系统内各部分之间的相互作用力属于作用力和反作用力，其作用效果互相抵消，不需画出。

【**例 2-6**】 如图 2-33(a)所示，重物重为 G，用钢丝绳挂在支架的滑轮 B 上，钢丝绳的另一端绕在绞车 D 上。杆 AB 与 BC 铰接，并以铰链 A 和 C 与墙连接。如两杆与滑轮的自重不计并忽略摩擦和滑轮的大小，试画出杆 AB 和 BC 及滑轮 B 的受力图。

解：(1)分析系统里面有无二力构件或二力杆。根据二力杆的含义，只在两点受两个力作用而处于平衡的杆件就是二力杆，分析出系统里面杆 AB 和杆 BC 都为二力杆。

(2)画 AB 杆受力图。取 AB 杆为研究对象，AB 杆受到的两个力 $\boldsymbol{F}_{AB}$ 与 $\boldsymbol{F}_{BA}$ 大小相等、方向相反，作用点分别在 A 点和 B 点，作用线和杆轴线重合，指向假定为拉力或压力都可以，受力图如图 2-33(b)所示。

(3)画 BC 杆受力图。取 BC 杆为研究对象，BC 杆受到的两个力 $\boldsymbol{F}_{CB}$ 与 $\boldsymbol{F}_{BC}$ 大小相等、方向相反，作用点分别在 C 点和 B 点，作用线和杆轴线重合，指向假定为拉力或压力都可以，受力图如图 2-33(c)所示。

(4)画滑轮 B 的受力图。滑轮 B 为研究对象，与滑轮有连接的有 AB 杆、BC 杆和钢丝绳。本来滑轮与 AB 杆、BC 杆在 B 点处属于圆柱铰链连接，但 AB 杆与 BC 杆在 B 点处的约束反力都通过二力杆的原理在前面已经画出来了，所以现在画滑轮在连接点 B 点处的约束反力，就是分别由 AB 杆和 BC 杆对滑轮 B 的反作用力 $\boldsymbol{F}'_{BA}$ 和 $\boldsymbol{F}'_{BC}$，由作用力和反作用力的关系，得到 $\boldsymbol{F}'_{BA}$ 和 $\boldsymbol{F}_{BA}$ 及 $\boldsymbol{F}'_{BC}$ 和 $\boldsymbol{F}_{BC}$ 大小相等、方向相反，作用线在同一直线上；钢丝绳对滑轮 B 的约束反力属于柔体约束，所以约束反力 $\boldsymbol{T}_1$ 和 $\boldsymbol{T}_2$ 为拉力，力的作用线和钢丝绳轴线重合。滑轮 B 的受力图如图 2-33(d)所示。

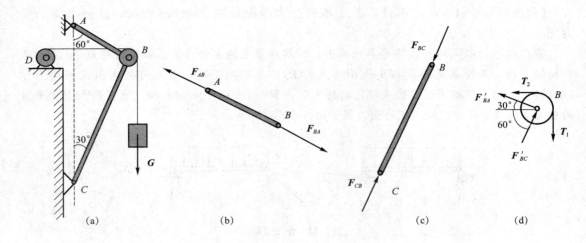

图 2-33 例 2-6 图
(a)实物图；(b)AB 杆受力图；(c)BC 杆受力图；(d)主滑轮受力图

【例 2-7】 三铰拱 ABD 受已知力 F 的作用，如图 2-34(a)所示。若不计三铰拱的自重，试画出 AB、BD 和整体(AB 和 BD 一体)的受力图。

解：(1)首先分析三铰拱 ABD 里面有无二力构件或二力杆。根据二力杆的含义，只在两点受两个力作用而处于平衡的杆件就是二力杆，分析出三铰拱 ABD 里面 BD 构件为二力构件。

(2)画二力构件 BD 的受力图。取 BD 为研究对象，由二力构件性质可知其约束反力分别通过两铰中心 B 和 D，所以 R_B 和 R_D 的作用线一定沿着两铰中心的连线 BD，且大小相等，方向相反，其指向是假定的，如图 2-34(b)所示。

(3)画 AB 的受力图。取 AB 为研究对象，作用在 AB 上的主动力是已知力 F。B 处通过铰链与 BD 相连，由作用力和反作用关系可以确定 B 处的约束反力是 R'_B，它与 R_B 大小相等，方向相反，作用线在一条直线上。A 处为固定铰支座，其约束反力是一个力，这个约束反力的作用线方位可以根据三力平衡汇交定理确定。AB 的受力图如图 2-34(c)所示。

(4)画整体的受力图。将 AB 和 BD 的受力图合并，即得整体受力图。要注意合并时在铰 B 处作用力和反作用力 R_B 与 R'_B 相互抵消，整体受力图如图 2-34(d)所示。

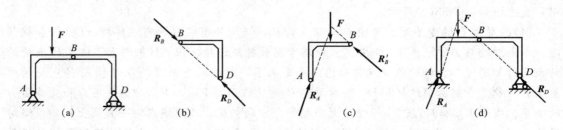

图 2-34 例 2-7 图
(a)实物图；(b)BD 杆受力图；(c)AB 杆受力图；(d)整体受力图

本章小结

本章讨论力的基本知识、静力学基本公理、力矩和力偶的概念、常见约束类型及约束反力表示方法、结构的计算简图、物体受力分析的基本方法。

一、静力学的基本概念

1. 力。力是物体间相互的机械作用,这种作用使物体的运动状态发生改变(外效应),或使物体变形(内效应)。力对物体的外效应取决于力的三要素:大小、方向和作用点(或作用线)。

2. 力矩。力与力臂的乘积称为力矩,是度量力使物体绕矩心转动效应的物理量。它的数学表达式为

$$M_O(\boldsymbol{F}) = \pm Fd$$

其中 O 为矩心,d 为力臂,是矩心到力作用线的垂直距离。

3. 力偶。由大小相等、方向相反、作用线平行但不重合的两个力组成的力系称为力偶。力偶是一种特殊力系。力偶的三要素:大小、转向、力偶作用面。

4. 约束。阻碍物体运动的其他物体叫约束。约束阻碍被约束物体运动趋势的力,称为约束反力。约束反力的方向根据约束的类型来确定,它总是与约束所能阻碍物体的运动方向相反。

二、静力学公理

静力学公理揭示了力的基本性质,是静力学的理论基础。

1. 二力平衡公理说明了作用在一个刚体上的两个力的平衡条件。
2. 加减平衡力系公理是力系等效代换的基础。
3. 力的平行四边形公理反映了两个力合成的规律。
4. 作用与反作用公理说明了物体间相互作用的关系。
5. 力的可传性原理说明力对刚体的作用与刚体的大小无关。
6. 三力平衡汇交定理提供了一刚体受三个共面而互不平行的力作用处于平衡时,已知其中两个力,就能确定第三个力的方法。

三、常见的约束类型及物体的受力分析

1. 柔体约束指绳索、皮带、链条等构成的约束。柔体约束只产生沿着索线方向的拉力。
2. 光滑面约束是约束与被约束物刚性接触,忽略接触面的摩擦。这种约束的约束力沿着两接触面的公法线方向,为压力或支持力。
3. 圆柱铰链约束是由圆孔和销钉构成的约束,只提供一个方向不确定的约束力,该约束力可以分解为互相垂直的两个分力。
4. 固定端约束是与被约束物体联结相对牢固的约束,约束不允许被约束物体在约束处有任何相对运动——包括移动和转动。所以,固定端约束有一个方向不确定的约束力和一个约束力偶,约束力常用两个互相垂直的分力表示。

四、结构的计算简图

1. 在对实际结构进行计算之前,通常对其进行简化,表现其主要特点,略去次要因素,用一个能反映结构主要特性的简化模型来代替真实结构,这样的简化模型称作结构计算简图。

2. 确定一个结构的计算简图，通常包括结构系统的简化、构件的简化、支座的简化、结点的简化、荷载的简化等。

五、受力图的画法及步骤

物体的受力分析将物体从系统中隔离出来，根据约束的性质分析约束类型和约束反力，根据二力构件性质，并应用作用与反作用公理分析隔离体上所受各力的位置、作用线及可能方向，画出受力图。

1. 根据题意选取研究对象，用尽可能简明的轮廓单独画出，即取分离体。
2. 画出该研究对象所受的全部主动力。
3. 在研究对象上所有原来存在约束（与其他物体相接触和相连）的地方，根据约束的性质画出约束反力。对于方向不能预先独立确定的约束反力（如圆柱铰链的约束反力），可用互相垂直的两个分力表示，指向可以假设。
4. 有时可根据作用在隔离体上的力系特点，如利用二力平衡时共线、不平行三力平衡时汇交于一点等理论，确定某些约束反力的方向，简化受力图。

六、画受力图应注意的事项

1. 当选取的分离体是互相有联系的物体时，同一个力在不同的受力图中用相同的方法表示同一处的一对作用力和反作用力，分别在两个受力图中表示成相反的方向。
2. 画作用在分离体上的全部外力，不能多画也不得少画。内力一律不画。除分布力代之以等效的集中力、未知的约束反力可用它的正交分力表示外，所有其他力一般不合成，不分解，并画在其真实作用位置上。

平衡对象的受力分析及其受力图的画法，必须通过具体实践反复练习，以求得技巧的熟练和巩固。特别应注意根据约束的性质画约束反力。

习　题

2-1　什么是二力构件？分析二力构件受力时与构件的形状有无关系？

2-2　只受两个力作用的杆就是二力杆件吗？

2-3　平行四边形公理为求力系的合力提供了方法，这种说法对吗？

2-4　二力平衡公理和作用反作用公理有何不同？

2-5　什么是力的可传性？

2-6　什么是力矩？合力对某一点的力矩与各分力对同一点的力矩有何关系？

2-7　请比较力矩和力偶矩的异同点。

2-8　力偶有哪些基本性质？

2-9　常见的约束类型有哪些？怎样确定约束反力的方向？

2-10　绘制结构计算简图时，一般怎样对结构进行简化？

2-11　画受力图一般分哪几个步骤？有哪些注意问题和技巧？

2-12　指出图 2-35 所示哪些杆件是二力构件（未画出重力的物体都不计自重）？

2-13　画出图 2-36 中各物体的受力图。假定各接触面都是光滑的，未注明重力的物体都不计自重。

2-14　画出图 2-37 中所示结构中各个构件和整体的受力图，自重不计。

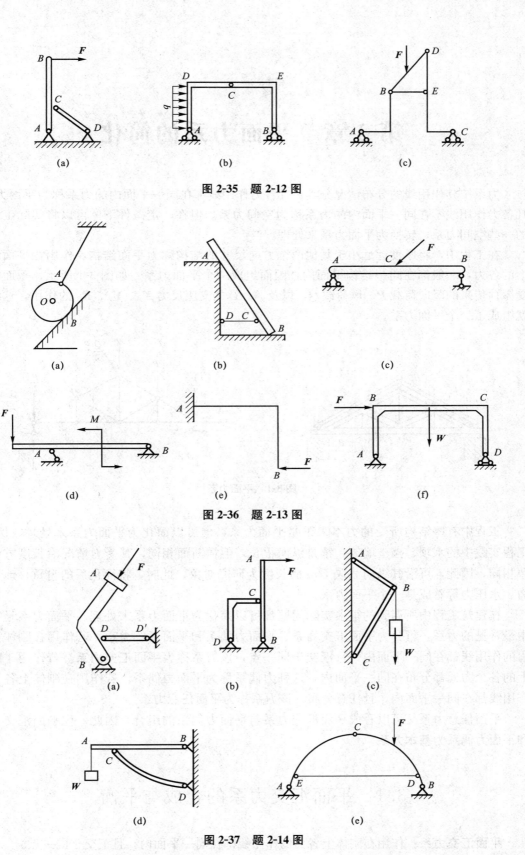

图 2-35 题 2-12 图

图 2-36 题 2-13 图

图 2-37 题 2-14 图

第 3 章　平面力系的简化

力系按其作用线的分布情况分类：凡各力作用线都在同一平面内的力系称为**平面力系**；凡各力作用线不在同一平面内的力系称为**空间力系**。但在一定条件下，可以将实际工程中的一些空间力系，转换为平面力系来处理。

在工程中，将厚度远远小于其他两个方向尺寸的结构称为**平面结构**。作用在平面结构上的各力，一般都在同一结构平面内，因而组成一个平面力系。如图 3-1 所示，平面桁架受屋顶传来的竖向荷载 P、风荷载 Q，以及 A、B 的支座反力 X_A、Y_A、R_B 的作用，这些力就组成了一个平面力系。

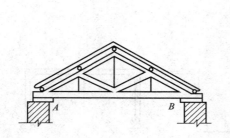 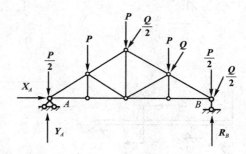

图 3-1　平面力系

工程中有些结构所受的力本来不是平面力系，但可以简化为平面力系来处理。例如，工程实践中的水坝、挡土墙等，都是纵向很长，但横断面相同，其受力情况沿长度方向大致相同，因此，可沿其纵向截取 1 m 的长度为研究对象。此时，将简化后的自重、地基反力、水压力等看成是一个平面力系。

在建筑工程中所遇到的很多实际问题都可以简化为平面力系来处理。平面力系是工程中最常见的力系，可分为平面汇交力系、平面力偶系和平面任意力系。若作用在刚体上各力的作用线都在同一平面内，且汇交于同一点，该力系称为**平面汇交力系**。若作用于刚体上的各个力偶都分布在同一平面内，这种力偶系称为平面力偶系。若作用在刚体上各力的作用线都在同一平面内，且任意分布，该力系称为**平面任意力系**。

平面任意力系又可以看成平面汇交力系与平面力偶系的组合，因此，称平面汇交力系和平面力偶系为**基本力系**。

3.1　平面汇交力系的合成与平衡

平面汇交力系：作用在刚体上各力的作用线都在同一平面内，且汇交于同一点。

视频：平面汇交力系的合成与平衡　　视频：平衡方程的应用　　视频：力在平面坐标轴上的投影

3.1.1　平面汇交力系合成与平衡的几何法

1. 平面汇交力系合成的几何法

假设在刚体上 O 点作用有一个由力 F_1、F_2、F_3、F_4 组成的平面汇交力系，如图 3-2(a)所示，为求该力系的合力，可以连续运用力的平行四边形公理或者三角形法则，依次两两合成，最后求得一个作用线也通过 O 点的合力 R。下面用三角形法则求平面汇交力系的合力。

在力系所在的平面内，任取一点 A，按一定的比例，先作矢量 AB 平行并等于力 F_1，再以矢量 AB 的末端为起点作矢量 BC 平行并等于力 F_2，连接矢量 AC，求得力 F_1、F_2 的合力等于矢量 $R_1=AC$；再过 R_1 的末端作矢量 CD 平行并等于 F_3，连接矢量 AD，求得力 R_1、F_3 的合力 $R_2=AD$；同理，求出 R_2、F_4 的合力 $R=AE$。即该平面汇交力系的合力大小和方向为 R，如图 3-2(b)所示。多边形 $ABCDE$ 称为该平面汇交力系的力多边形，矢量 AE 称为力多边形的封闭边。封闭边矢量 AE 表示该平面汇交力系 R 的大小和方向，合力 R 的作用线通过原力系的汇交点 A。这种求合力的方法，称为**几何法**，也称为**力的多边形法则**。

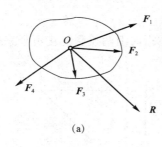 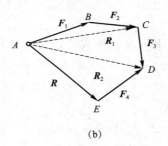

(a)　　　　　　　　　　　(b)

图 3-2　几何法合成平面汇交力系
(a)力系示意；(b)合成

上述结果表明，平面汇交力系合成的结果是一个合力，合力的作用线通过平面汇交力系的汇交点，合力的大小和方向等于原力系中所有力的矢量和，即

$$R=F_1+F_2+F_3+\cdots+F_n=\sum F$$

2. 平面汇交力系平衡的几何条件

由以上平面汇交力系的合成结果可知，平面汇交力系平衡的必要和充分条件：该力系的合力等于零。用公式表示：

$$R=\sum F=0$$

按照力的多边形法则，在合力等于零的情况下，力多边形中最后一个力矢的终点与第一个力矢的起点重合，此时的力多边形称为封闭的力多边形。所以得出结论：**平面汇交力系平衡的必要和充分条件是该力系的力多边形自行封闭。**这就是平面汇交力系平衡的几何条件。

3.1.2 平面汇交力系合成与平衡的解析法

1. 力在直角坐标轴上的投影

如图 3-3 所示,假设力 F 从 A 点指向 B 点。在力 F 的作用面内取直角坐标系 xOy,从力 F 的起点 A 和终点 B 分别向 x 轴和 y 轴作垂线,得交点 a、b 和 a_1、b_1,并在 x 轴和 y 轴上得线段 ab 和 a_1b_1。线段 ab 和 a_1b_1 的长度加上正号或者负号,称为力 F 在 x 轴和 y 轴上的**投影**,分别用 X、Y 表示。公式为

$$X = \pm ab = \pm F\cos\theta$$
$$Y = \pm a_1b_1 = \pm F\sin\theta$$

投影的正负号规定:从投影的起点 a 到终点 b 与坐标轴的正方向一致时,该投影取正号;与坐标轴的正方向相反时取负号。因此,力在坐标轴上的投影是代数量。

$$X = F\cos\theta \qquad X = -F\cos\theta$$
$$Y = F\sin\theta \qquad Y = -F\sin\theta$$

当力与坐标轴垂直时,力在该轴上的投影为零;当力与坐标轴平行时,其投影的绝对值等于该力的大小。

如果力 F 在坐标轴 x、y 上的投影 X、Y 为已知,则由图 3-3 中的几何关系,可以确定力 F 的大小和方向。

$$\left. \begin{array}{l} F = \sqrt{X^2 + Y^2} \\ \tan\theta = \left| \dfrac{Y}{X} \right| \end{array} \right\} \tag{3-1}$$

式中 θ ——力 F 与 x 轴所夹的锐角,力 F 的具体指向由两投影的正负号来确定。

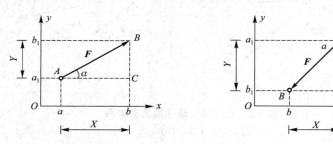

图 3-3 力在直角坐标轴上的投影

【**例 3-1**】 求图 3-4 中各力在 x 轴、y 轴上的投影。已知:$F_1 = 50$ N,$F_2 = 80$ N,$F_3 = 100$ N,$F_4 = 60$ N。

解:由力在坐标轴上投影的计算公式,得

$X_1 = F_1\cos60° = 50 \times 0.5 = 25$(N)
$Y_1 = F_1\sin60° = 50 \times 0.866 = 43.3$(N)
$X_2 = -F_2\cos45° = -80 \times 0.707 = 56.57$(N)
$Y_2 = F_2\sin45° = 80 \times 0.707 = 56.57$(N)
$X_3 = -F_3\cos30° = -100 \times 0.866 = 86.6$(N)
$Y_3 = -F_3\sin30° = -100 \times 0.5 = -50$(N)

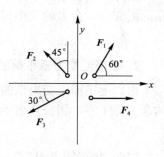

图 3-4 例 3-1 图

$X_4 = F_4 \cos 0° = 60 \times 1 = 25 (\text{N})$
$Y_4 = F_4 \sin 0° = 60 \times 0 = 0 (\text{N})$

2. 合力投影定理

平面汇交力系的合力在任意坐标轴上的投影，等于各分力在同一坐标轴上投影的代数和，这就是**合力投影定理**。简单证明如下：

假设平面内作用于 O 点有力 $\boldsymbol{F}_1$、$\boldsymbol{F}_2$、$\boldsymbol{F}_3$、$\boldsymbol{F}_4$，用力多边形法则求出其合力为 $\boldsymbol{R}$，如图 3-5 所示。取投影轴 x，由图可见，合力 $\boldsymbol{R}$ 的投影 ae 等于各分力的投影 ab、bc、$-cd$、de 的代数和。这一关系对任何多个汇交力都适用，即

$$\left. \begin{array}{l} R_x = X_1 + X_2 + \cdots + X_n = \sum X \\ R_y = Y_1 + Y_2 + \cdots + Y_n = \sum Y \end{array} \right\} \quad (3\text{-}2)$$

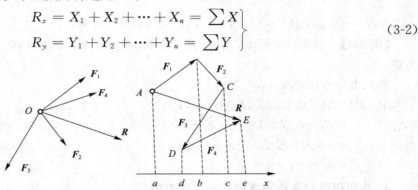

图 3-5 合力投影

当平面汇交力系中各力为已知时，我们可以选定直角坐标系求出力系中各力在 x 轴和 y 轴上的投影，再根据合力投影定理求出合力 $\boldsymbol{R}$ 在 x 轴和 y 轴上的投影 R_x、R_y，即

$$\left. \begin{array}{l} R = \sqrt{R_x^2 + R_y^2} = \sqrt{\left(\sum X\right)^2 + \left(\sum Y\right)^2} \\ \tan\theta = \dfrac{|R_y|}{|R_x|} = \dfrac{|\sum Y|}{|\sum X|} \end{array} \right\} \quad (3\text{-}3)$$

由前述可知，平面汇交力系平衡的必要和充分条件：该力系的合力等于零，即 $R=0$。因此，由式(3-3)可得

$$\left. \begin{array}{l} \sum X = 0 \\ \sum Y = 0 \end{array} \right\} \quad (3\text{-}4)$$

即**平面汇交力系的必要和充分条件是力系中各力在坐标轴上投影的代数和等于零**。这就是平面汇交力系平衡的解析条件。

3. 合力矩定理

若平面汇交力系有合力，则其合力对平面上任意一点之矩，等于所有分力对同一点力矩的代数和。即

$$M_O(\boldsymbol{R}) = M_O(\boldsymbol{F}_1) + M_O(\boldsymbol{F}_2) + \cdots + M_O(\boldsymbol{F}_n) = \sum M_O(\boldsymbol{F}_i) \quad (3\text{-}5)$$

合力矩定理可以用来确定物体的重心位置，也可以用来简化力矩的计算。例如，当计算力对某一点力矩时，有些力臂不易求出，可以将此力分解为相互垂直的分力，如果两分力对该点的力臂为已知，即可以求出两个分力对该点的力矩的代数和，从而求出已知力对该点的力矩。

【例 3-2】 三脚架受力如图 3-6(a)所示，各杆自重不计，$G=100$ kN。求 AB 杆、BC 杆所受的力。

解：(1)取结点 B 为研究对象，作受力图，如图 3-6(b)所示。

(2)由平面汇交力系的平衡条件，得

$\sum Y=0 \quad -G-N_{BC}\sin45°=0 \quad N_{BC}=-G/\sin45°=-141.4$ kN(压力)

$\sum X=0 \quad -N_{AB}-N_{BC}\cos45°=0$

$N_{AB}=-N_{BC}\cos45°=141.4\times0.707=100$(kN)(拉力)

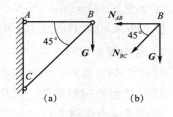

图 3-6 例 3-2 图

(a)受力示意图；(b)B 点受力图

【例 3-3】 如图 3-7 所示，已知 $F_1=5$ N，$F_2=2$ N，$F_3=3$ N。求该力系对 O 点的合力矩。

解：由合力矩定理，得

$M_O(\boldsymbol{R})=M_O(\boldsymbol{F}_1)+M_O(\boldsymbol{F}_2)+M_O(\boldsymbol{F}_1)$
$=F_1\cos30°\times4-F_2\times4+F_3\times0$
$=5\times0.866\times4-2\times4+3\times0$
$=9.32(\text{N}\cdot\text{m})$

4. 均布荷载对其作用面内任一点的力矩

如图 3-8 所示，求均布荷载对 A 点的力矩。均布荷载的作用效果可用其合力 $Q=ql$ 来代替，合力 Q 作用在均布荷载长度 l 的中点，即作用在 $l/2$ 处。根据合力矩定理，可得：

$$M_A=-ql\times\frac{1}{2}=-\frac{ql^2}{2} \tag{3-6}$$

若已知 $q=18$ kN/m，$l=6$ m，求均布荷载对 A 点的力矩。由式(3-6)计算得

$M_A=-\dfrac{ql^2}{2}$
$=-18\times6^2\times0.5=-324(\text{kN}\cdot\text{m})$(顺时针转)

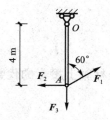

图 3-7 例 3-3 图

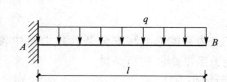

图 3-8 均布荷载对 A 点的力矩

3.2 力偶系的合成与平衡

平面力偶系：作用于刚体上的各个力偶都分布在同一平面内。

视频：平面力偶系的合成与平衡

3.2.1 平面力偶系的合成

如图 3-9 所示，假设物体的同一平面上作用有两个力偶 m_1、m_2，其力偶矩分别为 $m_1 = F_1 d$、$m_2 = F_2 d$，现在求其合成结果。在两力偶的作用面内，任意取一线段 $AB = d$，于是可将原力偶变换成两个等效的力偶 (F_1, F_1') 和 (F_2, F_2')。显然 F_1、F_2 的大小分别为

$$F_1 = \frac{m_1}{d} \qquad F_2 = \frac{m_2}{d}$$

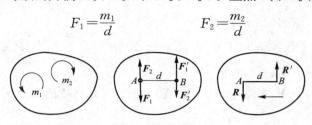

图 3-9 平面力偶系合成

将 F_1、F_2 和 F_1'、F_2' 分别合成，则有

$$R = F_1 - F_2 \qquad R' = F_1' - F_2'$$

R 与 R' 等值、反向且平行，组成一对新力偶。此新力偶即为原两力偶的合力偶。合力偶矩用 M 表示为

$$M = Rd = (F_1 - F_2)d = m_1 - m_2$$

若作用在同一平面内有 n 个力偶，则其合力偶矩应为

$$M = m_1 + m_2 + \cdots + m_n = \sum m_i \tag{3-7}$$

平面力偶系的合成结果为一合力偶，合力偶矩等于各分力偶矩的代数和，也等于组成力偶系的各力对平面内任一点的力矩的代数和。即

$$M = \sum M_O(F_i) \tag{3-8}$$

3.2.2 平面力偶系的平衡条件

当合力偶矩等于零时，则力偶系中各力偶对物体的转动效应相互抵消，物体处于平衡状态。因此，平面力偶系的平衡条件为：

$$\sum M = 0 \tag{3-9}$$

平面力偶系平衡的必要和充分条件：**力偶系中各力偶之力偶矩的代数和等于零**。根据力偶的基本性质，该条件也可以表述：力偶系中各力对平面内任一点之矩的代数和等于零。即

$$\sum M_O(F_n) = 0 \tag{3-10}$$

【例 3-4】 如图 3-10 所示，在一长方形的刚体 A 上作用有四个力偶。其中 $F_1 = 100$ kN，$F_2 = 200$ kN，$m_3 = 60$ kN·m，$m_4 = 150$ kN·m，刚体 A 长边等于 4 m、宽边等于 2 m。求其合力偶矩。

解：计算各分力偶的力偶矩。

$$M_1 = F_1 \cdot d_1 = 100 \times 4 = 400 (\text{kN·m})$$
$$M_2 = -F_2 \cdot d_2 = -200 \times 2 = -400 (\text{kN·m})$$
$$M_3 = -m_3 = -60 \text{ kN·m}$$
$$M_4 = m_4 = 150 \text{ kN·m}$$

根据 合力矩定理
$$M = \sum M_i = M_1 + M_2 + M_3 + M_4 = 400 - 400 - 60 + 150 = 90 \text{ (kN·m)}$$

【例 3-5】 如图 3-11(a)所示，$m=2Pa$，求 A、B 两点的支座反力。

解： (1)作受力图，如图 3-11(b)所示。

(2)根据平面力偶系的平衡条件，得

$$\sum M_A(\boldsymbol{F}_n) = 0 \quad R_B \times 3a + m = 0$$
$$R_B \times 3a + 2Pa = 0 \quad R_B = -2Pa/(3a) = -2P/3(\downarrow)$$

$$\sum M_B(\boldsymbol{F}_n) = 0 \quad -Y_A \times 3a + m = 0$$
$$-Y_A \times 3a + 2Pa = 0 \quad Y_A = 2Pa/(3a) = 2P/3(\uparrow)$$

再根据 $\sum X = 0$ 得 $X_A = 0$

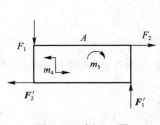
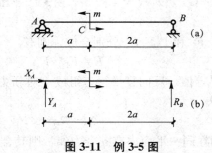

图 3-10 例 3-4 图

图 3-11 例 3-5 图
(a)受力示意图；(b)受力图

3.3 平面一般力系的简化

平面任意力系：作用在刚体上各力的作用线都在同一平面内，且任意分布。

视频：平面任意力系向一点简化　　视频：力的平移定理

3.3.1 力的平移定理

力对物体的作用效果取决于力的三要素，若改变其中的任一要素，就会改变它对物体的作用效果。那么，要想将力平行移动到物体上任一点，而不改变其作用效果，需要附加什么条件呢？

在图 3-12(a)中，物体上 A 点作用有一个力 $\boldsymbol{F}$，如果将力 $\boldsymbol{F}$ 平移到物体上的任一点 O，而又不改变其对物体的作用效果，可以根据加减平衡力系公理，在 O 点加上一对平衡力 $\boldsymbol{F}'$ 和 $\boldsymbol{F}''$，并使 $\boldsymbol{F}' = \boldsymbol{F}'' = \boldsymbol{F}$，且作用线与力 $\boldsymbol{F}$ 平行，如图 3-12(b)所示。因此，$\boldsymbol{F}''$ 与 $\boldsymbol{F}$ 组成了一对力偶($\boldsymbol{F}''$，$\boldsymbol{F}$)，其力偶矩 $M = Fd = M_O(\boldsymbol{F})$。于是，原作用于 A 点的力 $\boldsymbol{F}$ 就与作用于 O 点的力 $\boldsymbol{F}'$ 和($\boldsymbol{F}''$，$\boldsymbol{F}$)等效，即相当于将力 $\boldsymbol{F}$ 平移到了 O 点，如图 3-12(c)所示。

力的平移定理：作用于物体上的力 $\boldsymbol{F}$，可以平移到刚体上的任一点 O，但必须同时附加一个力偶，其力偶矩等于原力 $\boldsymbol{F}$ 对新作用点 O 的力矩。

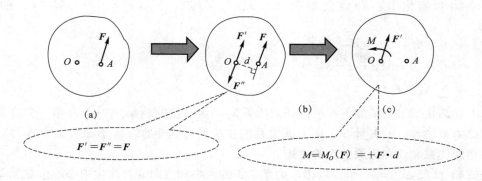

图 3-12 力的平移

3.3.2 平面任意力系向一点简化

运用力的平移定理，可将刚体上平面任意力系中各力的作用线全部移动到力系作用面内某一给定点 O，从而使该力系被分解为一个平面汇交力系和一个平面力偶系。这种等效变换的方法，称为**力系向任一点的简化**，点 O 称为**简化中心**。

假设刚体上作用有一个平面任意力系 F_1、F_2、F_3、$\cdots$、F_n，其作用点分别 A_1、A_2、A_3、$\cdots$、A_n，如图 3-13(a)所示。在力系作用平面内任取一点 O，运用力的平移定理将各力依次向 O 点平移，于是得到作用于 O 点的一个平面汇交力系 F'_1、F'_2、F'_3、$\cdots$、F'_n 和一个附加力偶系 m_1、m_2、m_3、$\cdots$、m_n，如图 3-13(b)所示，这些附加力偶的力偶矩分别等于相应的力对 O 点的矩。这两个基本力系对刚体的效应与原力系 F_1、F_2、F_3、$\cdots$、F_n 对刚体的效应是相等的。于是，原平面任意力系就被分解为两个基本力系：平面汇交力系和平面力偶系。

平面汇交力系 F'_1、F'_2、F'_3、$\cdots$、F'_n 可合成为合力 R'，即
$$R' = F'_1 + F'_2 + F'_3 + \cdots + F'_n$$
因为 $F'_1 = F_1$，$F'_2 = F_2$，$F'_3 = F_3$，$\cdots$，$F'_n = F_n$
所以得
$$R' = F_1 + F_2 + F_3 \cdots + F_n = \sum F_i \tag{3-11}$$

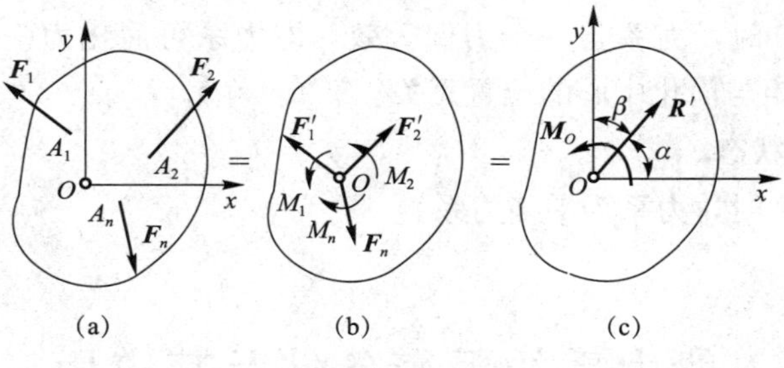

图 3-13 平面任意力系向一点简化

由附加力偶所组成的平面力偶系 m_1、m_2、m_3、$\cdots$、m_n 可以合成为一个力偶 m_O，如图 3-13(c)所示。这个力偶的力偶矩 M_O 等于各附加力偶矩的代数和，也就是等于原

力系中各力对简化中心 O 点之矩 $M_O(\boldsymbol{F}_1)$、$M_O(\boldsymbol{F}_2)$、$M_O(\boldsymbol{F}_3)$、$\cdots$、$M_O(\boldsymbol{F}_n)$ 的代数和，即

$$\begin{aligned} M_O &= M_1 + M_2 + M_3 + \cdots + M_n \\ &= M_O(\boldsymbol{F}_1) + M_O(\boldsymbol{F}_2) + M_O(\boldsymbol{F}_3) + \cdots + M_O(\boldsymbol{F}_n) \\ &= \sum M_O(\boldsymbol{F}_i) \end{aligned} \tag{3-12}$$

将上述简化结果归纳如下：平面任意力系向一点简化的结果是一个力和一个力偶，力 $\boldsymbol{R}'$ 等于原力系中各力的矢量和，称为**原力系的主矢**；力偶矩 M_O 等于原力系中各力对简化中心之矩的代数和，称为**原力系的主矩**。

由式(3-11)、式(3-12)可以看出，力系主矢的大小和方向都与简化中心的位置无关，而主矩的值一般与简化中心的位置有关。这是因为力系中各力对于不同的简化中心之矩的代数和是不相等的。因此，当提到主矩时，必须指明简化中心。

主矢可用解析法来计算：

主矢的大小： $$R' = \sqrt{R_x^2 + R_y^2} = \sqrt{\left(\sum X\right)^2 + \left(\sum Y\right)^2} \tag{3-13}$$

方向： $$\tan\theta = \frac{|\sum Y|}{|\sum X|}$$

主矩可直接利用式(3-12)计算，即

$$M_O = \sum M_O(\boldsymbol{F}_i) \tag{3-14}$$

3.3.3 平面任意力系的简化结果分析

平面任意力系向任意一点简化后，一般可得到一个力和一个力偶，可归纳为以下三种情况。

1. 力系可简化为一个合力

当 $\boldsymbol{R}' \neq 0$，$M_O = 0$ 时，力系与一个力等效，即力系可简化为一个合力。合力等于主矢，合力作用线通过简化中心。

当 $\boldsymbol{R}' \neq 0$，$M_O \neq 0$ 时，根据力的平移定理逆过程，可将 $\boldsymbol{R}'$ 和 M_O 简化为一个合力。合力的大小、方向与主矢相同，合力作用线不通过简化中心。

2. 力系可简化为一个合力偶

当 $\boldsymbol{R}' = 0$，$M_O \neq 0$ 时，力系与一个力偶等效，即力系可简化为一个合力偶。合力偶矩等于主矩。此时，主矩与简化中心的位置无关。

3. 力系处于平衡状态

当 $\boldsymbol{R}' = 0$，$M_O = 0$ 时，力系为平衡力系。

视频：平面一般力系的
平衡条件及其应用

3.4 平面一般力系的平衡条件及其应用

3.4.1 平衡条件和平衡方程

如果平面任意力系向任一点简化后的主矢和主矩都等于零，则该力系为平衡力系。

换而言之，要使平面任意力系平衡，主矢和主矩都必须等于零。若主矢和主矩之中即使只有一个不等于零，则力系简化为一个力或者一个力偶，而力系不能平衡。由此可知，平面任意力系平衡的必要和充分条件：力系的主矢和主矩都等于零，即 $\left.\begin{array}{l}R'=0\\M_O=0\end{array}\right\}$。根据此平衡条件，再结合平面汇交力系和平面力偶系的平衡方程，可得**平面一般力系的平衡方程**为

$$\left.\begin{array}{l}\sum X=0\\\sum Y=0\\\sum M_{O(\boldsymbol{F}_i)}=0\end{array}\right\} \quad (3\text{-}15)$$

可见，平面任意力系的平衡条件：**力系中所有各力在坐标轴上投影的代数和分别等于零，这些力对力系所在平面内任一点力矩的代数和也等于零。**

平面任意力系的平衡方程包含三个独立的方程。其中前两个是投影方程，后一个是力矩方程。因此，用平面任意力系的平衡方程可以求解不超过三个未知力的平衡问题。式(3-15)是平面任意力系的平衡方程的**基本形式**。

3.4.2 平面任意力系的特殊情形

1. 平面汇交力系

在平面汇交力系中，各力的作用线在同一平面内且交于一点。平面汇交力系的平衡方程为

$$\left.\begin{array}{l}\sum X=0\\\sum Y=0\end{array}\right\} \quad (3\text{-}16)$$

平面汇交力系只有两个独立的平衡方程，只能求解两个未知量。

2. 平面力偶系

平面力偶系中各力偶的力偶面都在同一个平面内。平面力偶系的平衡方程为

$$\sum M=0 \quad \text{或} \quad \sum M_O(\boldsymbol{F}_n)=0 \quad (3\text{-}17)$$

平面力偶系只有一个独立的平衡方程，只能求解一个未知量。

3. 平面平行力系

平面平行力系中各力的作用线在同一平面内且相互平行。对于平面平行力系，式(3-15)中必有一个投影方程自然满足，如图 3-14 所示，假设力系中各作用线垂直于 x 轴，则 $\sum X=0$，因此其平衡方程为

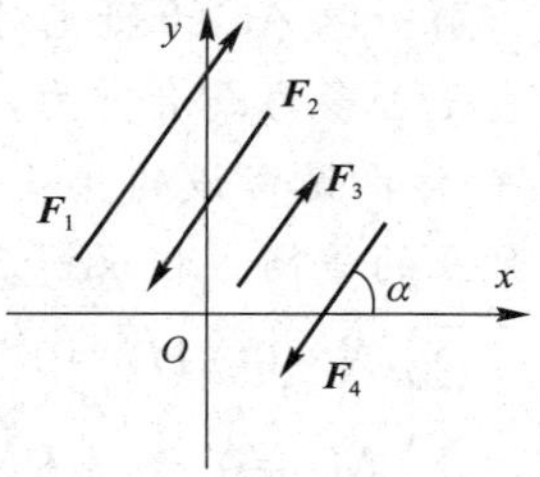

当 $\alpha=0°$ 时，力的作用线平行于 x 轴，得

$$\left.\begin{array}{l}\sum X=0\\\sum M_O=0\end{array}\right\}$$

图 3-14 平面平行力系

或者用力矩式：

$$\left.\begin{array}{l}\sum M_A=0\\\sum M_B=0\end{array}\right\} \quad (3\text{-}18)$$

当 $\alpha=90°$ 时，力的作用线平行于 y 轴，得

$$\left.\begin{array}{l}\sum Y = 0 \\ \sum M_O = 0\end{array}\right\}$$

或者用力矩式：
$$\left.\begin{array}{l}\sum M_A = 0 \\ \sum M_B = 0\end{array}\right\} \quad (3\text{-}19)$$

3.4.3 平衡方程的应用

(1) 在工程上通常将水平反力用大写字母 H 表示，竖向反力则用大写字母 V 来表示，下标表示力的作用点。

(2) 对于坐标轴的选取，在没有明确规定坐标系的情况下，默认为常规坐标系，不需要画出。

【例 3-6】 悬臂梁的受力如图 3-15(a) 所示，$F=20$ kN，$m=30$ kN·m，$\alpha=30°$。求 A 点的支座反力。

解： 取 AB 为研究对象，先画 AB 的主动力 $\boldsymbol{F}$ 和 m，再画 A 点的支座反力，最后检查是否多力或者少力，也就是作出受力图，如图 3-15(b) 所示。其中未知力 H_A、V_A 和 m_A 的方向是假设的。从受力图可以看出，这个结构所受的力系为平面一般力系，可列出三个独立的平衡方程求解三个未知力。所以有

$$\sum X = 0 \quad H_A - F\cos\alpha = 0 \quad H_A = 20 \times \cos30° = 17.3 \text{(kN)}(\rightarrow)$$

$$\sum Y = 0 \quad V_A - F\sin\alpha = 0 \quad H_A = 20 \times \sin30° = 10 \text{(kN)}(\uparrow)$$

$$\sum M_A = 0 \quad -m_A - 4 \cdot F\sin\alpha = 0 \quad m_A = -4 \times 20 \times \sin30° = -40 \text{(kN·m)}(\circlearrowleft)$$

计算结果为正，说明支座反力的假设方向与实际指向一致；计算结果为负，说明支座反力的假设方向与实际指向相反。在答案后面的括号内标注出支座反力的实际指向。例 3-6 中 H_A、V_A 的指向与假设的方向相同，m_A 的指向与假设方向相反。

【例 3-7】 一外伸梁受力如图 3-16(a) 所示，$F=30$ kN，$m=20$ kN·m。求 A、B 两点的支座反力。

解： 取 AC 为研究对象，先画 AC 的主动力 $\boldsymbol{F}$ 和 m，再画 A、C 两点的支座反力，最后检查是否多力或者少力，也就是作出受力图，如图 3-16(b) 所示。其中未知力 H_A、V_A 和 $\boldsymbol{R}_B$ 的方向是假设的。从受力图可以看出，这个结构所受的力系为平面一般力系，可列出三个独立的平衡方程求解三个未知力。得

$$\sum X = 0 \quad H_A = 0$$

$$\sum M_A = 0 - m + R_B \times 4 - F \times 2 = 0 \quad R_B = (20 + 30 \times 2)/4 = 20 \text{(kN)}(\uparrow)$$

$$\sum Y = 0 \quad V_A + R_B - F = 0 \quad V_A = -R_B + F = -20 + 30 = 10 \text{(kN)}(\uparrow)$$

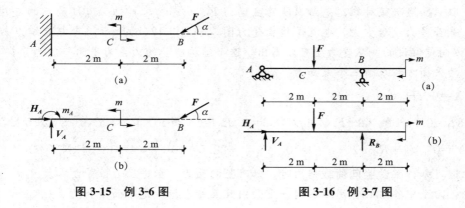

图 3-15 例 3-6 图   图 3-16 例 3-7 图

讨论：本例题如果写出对 A、B 两点的力矩方程和对 x 轴的投影方程，同样可以求解，得

$\sum X = 0 \quad\quad H_A = 0$

$\sum M_A = 0 \quad -m + R_B \times 4 - F \times 2 = 0 \quad R_B = (20 + 30 \times 2)/4 = 20(\text{kN})(\uparrow)$

$\sum M_B = 0 \quad -m - V_A \times 4 + F \times 2 = 0 \quad V_A = (-20 + 2 \times 30)/4 = 10(\text{kN})(\uparrow)$

如果写出对 A、B、C 三点的力矩方程，得

$\sum M_A = 0 \quad -m + R_B \times 4 - F \times 2 = 0 \quad R_B = (20 + 30 \times 2)/4 = 20(\text{kN})(\uparrow)$

$\sum M_B = 0 \quad -m - V_A \times 4 + F \times 2 = 0 \quad V_A = (-20 + 2 \times 30)/4 = 10(\text{kN})(\uparrow)$

$\sum M_C = 0 \quad -m - R_B \times 2 - V_A \times 6 + F \times 4 = 0$

V_A 和 R_B 通过前面两个方程是求出来了，但最后这个方程仍然只含 V_A 和 R_B，不含 H_A，求不出 H_A。

由上例讨论结果可知，平面力系的平衡方程除式(3-15)所示的基本形式外，还有二力矩式和三力矩式，其形式如下：

二力矩式：$\left.\begin{array}{l}\sum X = 0 \\ \sum M_A = 0 \\ \sum M_B = 0\end{array}\right\}$ 或 $\left.\begin{array}{l}\sum Y = 0 \\ \sum M_A = 0 \\ \sum M_B = 0\end{array}\right\}$ （3-20）

其中，A、B 两点的连线不能与 x 轴（或者 y 轴）垂直。

三力矩式：$\left.\begin{array}{l}\sum M_A = 0 \\ \sum M_B = 0 \\ \sum M_C = 0\end{array}\right\}$ （3-21）

其中，A、B、C 三点不能共线。

在应用式(3-20)和式(3-21)时，必须满足其限制条件，否则式(3-20)和式(3-21)中的三个平衡方程就不是独立的。

【**例 3-8**】 一简支梁受力如图 3-17(a)所示，$F = 10\text{ kN}$，$m = 4\text{ kN}\cdot\text{m}$，$q = 8\text{ kN/m}$。求 A、B 两点的支座反力。

解：取 AB 为研究对象，先画 AB 的主动力 F、m 和 q，再画 A、B 两点的支座反力，最后检查是否多力或者少力，也就是作出受力图，如图 3-17(b)所示。其中未知力 H_A、V_A 和 R_B 的方向是假设的。从受力图可以看出，这个结构所受的力系为平面一般力系，可列出三个独立的平衡方程求解三个未知力。得

$\sum X = 0 \quad H_A = 0$

$\sum M_A = 0 \quad m + R_B \times 8 - F \times 4 - q \times 4 \times 6 = 0 \quad R_B = (-4 + 10 \times 4 + 8 \times 4 \times 6)/8 = 28.5(\text{kN})(\uparrow)$

$\sum Y = 0 \quad V_A + R_B - F - q \times 4 = 0 \quad V_A = -28.5 + 10 + 8 \times 4 = 13.5(\text{kN})(\uparrow)$

由上例可知，梁受**竖向荷载**作用时，只有竖向反力，水平反力恒等于零。

讨论：力系中各力的作用线在同一平面内且互相平行，是平面平行力系（根据力偶的等效性，力偶 m 可以在其作用面内任意转动）。例 3-8 也可以用平衡方程的二力矩式：

$$\left. \begin{array}{l} \sum M_A = 0 \\ \sum M_B = 0 \end{array} \right\}$$

对例 3-8，如果写出对 A、B 两点的力矩方程，得

$\sum M_A = 0 \quad m + R_B \times 8 - F \times 4 - q \times 4 \times 6 = 0 \quad R_B = (-4 + 10 \times 4 + 8 \times 4 \times 6)/8 = 28.5(\text{kN})(\uparrow)$

$\sum M_B = 0 \quad m - V_A \times 8 + F \times 4 + q \times 4 \times 2 = 0 \quad V_A = (4 + 10 \times 4 + 8 \times 4 \times 2)/8 = 13.5(\text{kN})(\uparrow)$

同样可以求出 A、B 两点的支座反力。

【例 3-9】 一悬臂刚架受力如图 3-18(a)所示，已知 $P = 10 \text{ kN}$，$m = 20 \text{ kN} \cdot \text{m}$。求 A 端的支座反力。

解：取 AB 为研究对象，先画 AB 的主动力 P 和 m，再画 A 点的支座反力（A 点为固定端支座，有三个支座反力），也就是作出受力图，如图 3-18(b)所示。其中未知力 H_A、V_A 和 m_A 的方向是假设的。从受力图可以看出，可列出三个独立的平衡方程求解三个未知力。得：

$\sum X = 0 \quad H_A + P = 0 \quad H_A = -P = 10 \text{ kN}(\leftarrow)$

$\sum Y = 0 \quad V_A = 0$

$\sum M_A = 0 \quad m - P \cdot 2 + m_A = 0 \quad m_A = -20 + 10 \cdot 2 = 0$

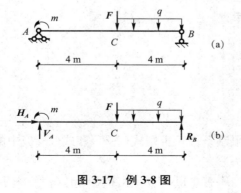

图 3-17 例 3-8 图

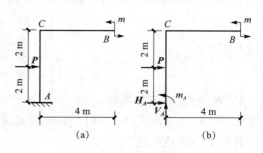

图 3-18 例 3-9 图

【**例 3-10**】 一简支刚架受力如图 3-19(a)所示，已知 $P=2$ kN，$F=4$ kN，$m=6$ kN·m。求 A、B 两点的支座反力。

解：取 AB 为研究对象，先画 AB 的主动力 $\boldsymbol{P}$、$\boldsymbol{F}$ 和 m，再画 A、B 两点的支座反力，也就是作出受力图，如图 3-19(b)所示。其中未知力 $\boldsymbol{H}_A$、$\boldsymbol{V}_A$ 和 $\boldsymbol{R}_B$ 的方向是假设的。从受力图可以看出，可列出三个独立的平衡方程求解三个未知力，得

$\sum X = 0 \quad H_A - P = 0 \quad H_A = P = 2$ kN($\rightarrow$)

$\sum M_A = 0 \quad -m - F \times 2 + P \times 2 + R_B \times 4 = 0 \quad R_B = (6 + 4 \times 2 - 2 \times 2)/4 = 2.5$ (kN)($\uparrow$)

$\sum M_B = 0 \quad -m + F \times 2 + P \times 2 - V_A \times 4 = 0 \quad V_A = (-6 + 4 \times 2 + 2 \times 2)/4 = 1.5$ (kN)($\uparrow$)

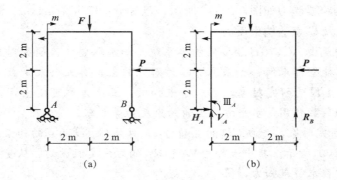

图 3-19 例 3-10 图

从以上几个例题可以看出，平面力系平衡问题的解题步骤如下：

(1)作受力图：根据已知条件和待求量，选取适当研究对象，将作用于研究对象上的所有已知力和未知力全部画出。

(2)列平衡方程求解：选取适当的投影轴和矩心，列出平衡方程并求出未知力。

需要注意的是，在列平衡方程时，为了使计算简单，选取坐标系时应尽可能使力系中多数未知力的作用线平行或垂直于投影轴，矩心选在两个（或两个以上）未知力的交点上；尽可能多得用力矩方程，并使每个方程中包含一个未知数。另外，对于同一个平面力系来说，最多只能列出三个平衡方程，只能解三个未知量。

3.4.4 物体系统的平衡

在实际工程中，经常遇到由几个物体通过一定的约束联系在一起的物体系统。研究物体系统的平衡问题，不仅需要求解支座反力，而且要求出系统内物体与物体之间的相互作用力。物体系统以外的物体作用在此物体上的力叫作**外力**；物体系统内各物体之间的相互作用力叫作**内力**。例如，工程中常用的三铰刚架（图 3-20），由左右两个半刚架通过 C 铰连接，并且支撑在 A、B 两个固定铰支座上，三铰刚架所受的荷载与支座 A、B 的反力就是外力，而铰 C 处左、右两个半刚架相互作用的力就是三铰刚架的内力。要求解内力就必须将物体系统拆开，分别作出各个物体的受力图。如果所讨论的物体系统是平衡的，则组成此系统的每一部分，以及每一个物体也是平衡的。因此，计算物体系统的平衡问题，除考虑整个系统的平衡外，还需要考虑系统内某一部分（一个物体或几个物体的组合）的平衡。只

要适当地考虑整体平衡和局部平衡，就可以解出全部未知力。这就是解决物体系平衡问题的途径。

需要注意的是，外力和内力的概念是相对的，是对一定的研究对象而言的。如果不是取整个三铰刚架，而是分别取左半刚架或右半刚架为研究对象，则铰 C 对左半刚架或右半刚架作用的力就是外力了。

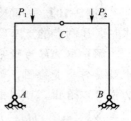

图 3-20 三铰刚架

由于物体系内各物体之间相互作用的内力总是成对出现的，它们大小相等、方向相反，作用线相同，所以，在研究该物体系的整体平衡时，就不必考虑内力。下面举例说明如何求解物体系的平衡问题。

【例 3-11】 两跨梁受力如图 3-21(a)所示，已知 $q=10$ kN/m，$m=10$ kN·m。求 A、B 两点的支座反力及 C 点的约束反力。

解： 这个结构是由 AC、CB 组成的物体系。如果取整体为研究对象，总共有四个未知数，三个方程不能全部求解；如果取 AC 为研究对象，有五个未知数，三个方程更不能全部求解；如果取 CD 为研究对象，有三个未知数，三个方程可以全部求解。又由于结构只受竖直方向上的荷载作用，水平方向上的约束反力等于零。

(1) 取 CD 为研究对象，先画 CD 的主动力 q，再画 C、D 两点的约束反力，也就是作出受力图，如图 3-21(b)所示。其中未知力 V_C 和 R_D 的方向是假设的。从受力图可以看出，可列出独立的平衡方程求解未知力，得

$$\sum M_C = 0 \quad -q \times 2 \times 1 + R_D \times 2 = 0 \quad R_D = 10 \times 2 \times 1/2 = 10(\text{kN})(\uparrow)$$

$$\sum M_D = 0 \quad q \times 2 \times 1 - V_C \times 2 = 0 \quad V_C = 10 \times 2 \times 1/2 = 10(\text{kN})(\uparrow)$$

(2) 取整体为研究对象，先画 AD 的主动力 m、q，再画 A、B、D 三点的约束反力，也就是作出受力图，如图 3-21(c)所示。其中未知力 V_A 和 R_B 的方向是假设的、R_D 是已知的。从受力图可以看出，可列出独立的平衡方程求解未知力，得

$$\sum M_A = 0 \quad m - q \times 2 \times 5 + R_D \times 6 + R_B \times 3 = 0 \quad R_B = (-10 + 10 \times 2 \times 5 - 10 \times 6)/3 = 10(\text{kN})(\uparrow)$$

$$\sum M_B = 0 \quad m - q \times 2 \times 2 + R_D \times 3 - V_A \times 3 = 0 \quad V_A = (10 - 10 \times 2 \times 2 + 10 \times 3)/3 = 0$$

校核：由平衡方程 $\sum Y = V_A + R_B + R_D - q \times 2 = 0 + 10 + 10 - 10 \times 2 = 0$

校核结果说明，计算无误。

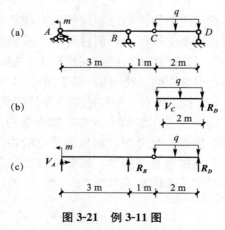

图 3-21 例 3-11 图

【例 3-12】 三铰刚架受力如图 3-22(a)所示,已知 $q=20$ kN/m,$P=40$ kN·m。求 A、B 两点的支座反力及 C 点的约束反力。

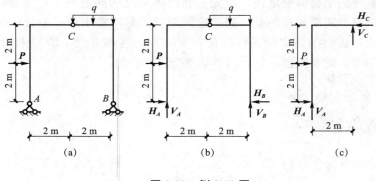

图 3-22 例 3-12 图

解:这个三铰刚架是由 AC、BC 组成的物体系统。求解这类问题,在考虑整体平衡的同时,还要考虑局部平衡才能全部求解。

(1)取整体为研究对象,先画主动力 q 和 P,再画 A、B 两点的支座反力,也就是作出受力图,如图 3-22(b)所示。其中未知力的方向是假设的。从受力图可得

$\sum M_A=0 \quad -P\times 2-q\times 2\times 3+V_B\times 4=0 \quad V_B=(40\times 2+20\times 2\times 3)/4=50(\text{kN})(\uparrow)$

$\sum M_B=0 \quad -P\times 2+q\times 2\times 1-V_A\times 4=0 \quad V_A=(-40\times 2+20\times 2\times 1)/4=-10(\text{kN})(\downarrow)$

$\sum X=0 \quad H_A-H_B-P=0 \quad H_A-H_B=-40 \text{ kN}\cdots\cdots$①

(2)取 AC 为研究对象,先画 AC 的主动力 P,再画 A、C 两点的约束反力,也就是作出受力图,如图 3-22(c)所示。从受力图可得

$\sum M_C=0 \quad P\times 2+H_A\times 4-V_A\times 2=0 \quad H_A=(-40\times 2-10\times 2)/4=-25(\text{kN})(\leftarrow)$

代入方程①,得 $H_B=15$ kN$(\leftarrow)$

$\sum X=0 \quad H_A-H_C+P=0 \quad H_C=-25+40=15(\text{kN})(\leftarrow)$

$\sum Y=0 \quad V_A-V_C=0 \quad V_C=V_A=-10 \text{ kN}(\uparrow)$

校核,由平衡方程 $\sum M_A=-P\times 2+H_C\times 4+V_C\times 2=-40\times 2+15\times 4+10\times 2=0$

校核结果说明,计算无误。

3.4.5 静定与超静定问题的概念

前面所讨论的单个物体或物体系统的平衡问题,由于未知力的数目与所列独立平衡方程的数目相等,因而应用平衡方程就能求出全部未知力,这类问题称为**静定问题**。如果未知力的数目多于所建立的独立平衡方程的数目,则应用平衡方程不能求出全部未知力,这类问题称为**超静定问题**。

在平衡的物体系统中,如果只考虑整个系统的平衡,其未知约束反力的个数多于三个,由于平面一般力系只有三个独立的平衡方程。此时,若将系统**拆开**后,依次考虑各个物体的平衡,则未知约束反力的数目与平衡方程数目相等,这种物体系统是**静定问题**;若将系

统**拆开**后，未知约束反力个数仍然多于平衡方程数目，从而无法求解全部未知力，这种物体系统是**超静定问题**。

在求解物体系统的平衡问题之前，应先判断物体系统的静定性，只有静定问题，才能用静力平衡方程求解。需要注意的是，超静定问题并不是不能求解，而是仅用平衡方程不能求出全部未知力，需要根据实际条件列出补充方程，使得方程个数与未知力数目相等，才能求解所有未知力，此类问题将在结构力学部分进行讲解。

本章小结

本章讨论力在坐标轴上的投影；合力投影定理；合力矩定理；平面汇交力系的合成与平衡；平面力偶系的合成与平衡；平面一般力系的合成与平衡。

1. 力的投影

从力矢的起点和终点分别向某一投影轴上作垂直线，得到两个交点。两交点之间的距离称为力在该轴上的投影，力的投影是代数量。

2. 合力投影定理

平面力系中各力在某一坐标轴上投影的代数和，等于该力系的合力在该坐标轴上的投影。

3. 合力矩定理

合力矩等于各分力对同一点之矩的代数和。

4. 平面力偶系的简化

应用力偶的性质，可对平面力偶系进行合成。简化结果得到一个合力偶，其力偶矩等于力偶系中所有力偶矩的代数和：$M=\sum m$；或等于力偶系中各力对平面内任一点 A 之矩的代数和：$M=\sum M_A(\boldsymbol{F})$。

5. 平面力偶系的平衡条件

平面力偶系平衡的必要和充分条件是力偶系中所有力偶的力偶矩的代数和等于零：$\sum m=0$；或者力偶系中各力对平面内任一点 A 之矩的代数和等于零：$\sum M_A(\boldsymbol{F})=0$。

6. 力的平移定理

作用于物体上的力 $\boldsymbol{F}$，可以平移到刚体上的任一点 O，但必须同时附加一个力偶，其力偶矩等于原力 $\boldsymbol{F}$ 对新作用点 O 的力矩。

7. 平面一般力系向平面内任一点简化

平面一般力系的简化结果为一主矢与主矩。此主矢的大小和方向可由合力投影定理计算，主矩可由合力矩定理计算，即

$$\left.\begin{array}{l} R_x = \sum X \\ R_y = \sum Y \\ M_O = \sum M_A(\boldsymbol{F}_i) \end{array}\right\}。$$

8. 平面一般力系的平衡条件

平面一般力系平衡的必要和充分条件：力系的主矢和主矩都等于零，其平衡方程有以下三种形式：

基本形式：$\left.\begin{array}{l}\sum X=0\\\sum Y=0\\\sum M_A=0\end{array}\right\}$；二力矩式：$\left.\begin{array}{l}\sum X=0\\\sum M_A=0\\\sum M_B=0\end{array}\right\}$；三力矩式：$\left.\begin{array}{l}\sum M_A=0\\\sum M_B=0\\\sum M_C=0\end{array}\right\}$。

二力矩式中，y 轴不能垂直于 A、B 两点的连线；三力矩式中，A、B、C 三点不在同一条直线上。

9. 平面平行力系的平衡方程：$\left.\begin{array}{l}\sum Y=0\\\sum M_A=0\end{array}\right\}$ 或者 $\left.\begin{array}{l}\sum M_A=0\\\sum M_B=0\end{array}\right\}$。其中 A、B 两点的连线不能与各力平行。

10. 平面汇交力系的平衡方程：$\left.\begin{array}{l}\sum X=0\\\sum Y=0\end{array}\right\}$。

11. 静定结构的概念

由两个或两个以上物体组成的系统称为物体系统。杆件结构是物体系统中的一种。如果结构的未知约束反力个数与独立方程个数相等，则结构是静定的；否则是超静定的。

习 题

3-1 如图 3-23 所示，已知：$F_1=60\ \text{kN}$，$F_2=30\ \text{kN}$，$F_3=70\ \text{kN}$，$F_4=100\ \text{kN}$。求：(1) 各力在坐标轴上的投影；(2) 求该力系的合力。

3-2 如图 3-24 所示，$G=20\ \text{kN}$，A、B、C 三点都是铰接。求图示三脚架各杆所受的力。

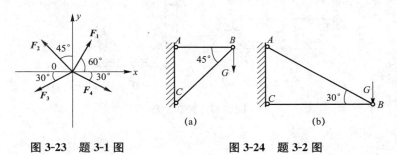

图 3-23 题 3-1 图   图 3-24 题 3-2 图

3-3 求图 3-25 所示各梁的支座反力。

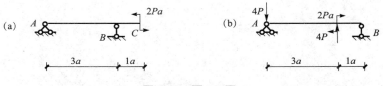

图 3-25 题 3-3 图

3-4 求图 3-26 所示刚架的支座反力。

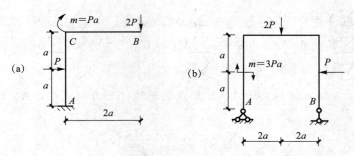

图 3-26 题 3-4 图

3-5 求图 3-27 所示各结构的支座反力。

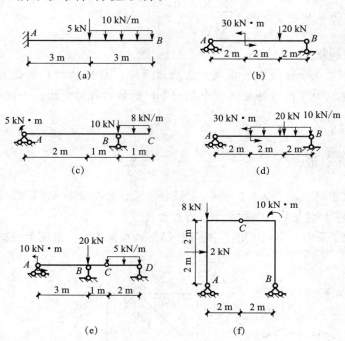

图 3-27 题 3-5 图

第 4 章 平面体系几何组成分析

4.1 平面体系几何组成概述

视频：平面体系
几何组成概述

4.1.1 几何不变体系与几何可变体系

图 4-1(a)所示的支架，支点 C 为固定铰支座、D 为链杆连接，结点 A 和 B 为铰结点。显然这个支架是不牢固的，在外力作用下很容易倾倒，如图 4-1(b)中的虚线所示。但是，如果再加上一根斜撑 AD，就得到图 4-1(c)所示的支架，这样就变成了一个牢固的体系了。

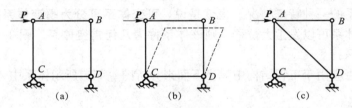

图 4-1 支架

结构受荷载作用时，截面上产生应力，材料因而产生应变。由于材料的应变，结构产生变形。这种变形一般很小，在几何组成分析中，不考虑这种由于材料应变所产生的变形。这样，杆件体系可以分为两类：

1. 几何不变体系[图 4-2 (a)、(b)、(c)]

在不考虑材料应变的条件下，任意荷载作用后体系的位置和形状均能保持不变。

2. 几何可变体系[图 4-2(d)、(e)、(f)]

在不考虑材料变形的条件下，即使作用荷载不大，也会产生机械运动而不能保持其原有形状和位置的体系。

在工程结构中，结构必须是几何不变体系，不能采用几何可变体系。 几何组成分析的一个主要目的就是要检查并保证结构的几何不变性。

4.1.2 瞬变体系

图 4-3 所示的体系是几何可变体系的一种特殊情况，它的特点是两根链杆共线，三个铰在同一直线上。

链杆 1、链杆 2 分别绕铰 A、铰 B 转动时，在 C 点处有一公切线，此时铰 C 可以沿此公切线做微小的上下移动。当 C 点沿公切线发生微小的位移后，两根链杆就不在同一直线上了，铰 C 便不能继续移动，于是体系变成几何不变体系。这种微小的运动也是一种可变体系。

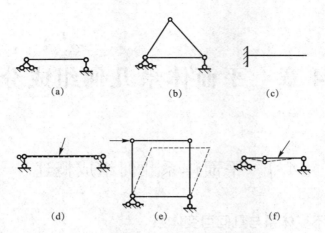

图 4-2 几何不变体系和几何可变体系
(a)~(b)几何不变体系；(d)~(f)几何可变体系

上述这种本来是几何可变的，发生微小的位移后又成为几何不变的体系称为**几何瞬变体系**，是可变体系的一种特殊情况。也就是说，**可变体系可分为瞬变体系和常变体系**。如果一个几何可变体系可以发生大位移，则该体系称为**几何常变体系**。图 4-2（d）、（e）、（f）所示均为常变体系。

瞬变体系能否应用于工程结构中呢？下面来分析图 4-4(a)所示体系中 AC 和 BC 两杆的内力。

取结点 C 为隔离体，如图 4-4(b)所示。

由：$\sum X = 0$ $N_1 = N_2 = N$

$\sum Y = 0$ $2N\sin\theta = P$ $N = \dfrac{P}{2\sin\theta}$

在理论上，θ 为一无穷小量，所以 $N = \lim\limits_{x \to \infty} \dfrac{P}{2\sin\theta} = \infty$

由此可知，即使荷载不大，也会使杆件产生非常大的内力和变形。所以，瞬变体系不能在工程中使用，对于接近瞬变的体系也应避免。

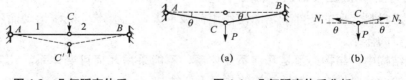

图 4-3 几何瞬变体系   图 4-4 几何瞬变体系分析

4.1.3 自由度

图 4-5 所示为平面内一点 A 的运动情况。A 点在平面内可以沿水平方向（x 轴方向）移动，又可以沿竖直方向（y 轴方向）移动，即平面内一点有两种独立的运动方式（两个坐标轴 x、y 可以独立地改变）。所以，平面内一点有**两个自由度**。

图 4-6 所示为平面内一个刚片，由原来的位置 AB 移动到位置 $A'B'$。这时，刚片可

以沿 x 轴、y 轴方向移动和转动,即有位移 Δx、Δy 和 $\Delta \theta$,即平面内一个刚片有三种独立的运动方式(三个坐标轴 x、y、θ 可以独立地改变)。所以,平面内一个刚片有**三个自由度**。

一般来说,如果一个体系有几个独立的移动方式,就说这个体系有几个自由度。换而言之,**一个体系的自由度,等于这个体系运动时可以独立改变的坐标数目**。

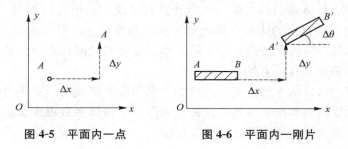

图 4-5 平面内一点　　　　图 4-6 平面内一刚片

4.1.4 约束

物体的自由度随着限制运动装置的加入而减少。减少一个自由度的装置,称为一个约束。常用的约束有链杆和铰。

如图 4-7(a)所示,用一个链杆将一个刚片与地基相连,因 A 点不能沿链杆方向移动,故刚片只有两种运动方式:A 点绕 C 点转动;刚片绕 A 点转动。此时刚片有两个独立坐标可以改变,如链杆的倾角 θ_1 及刚片上任一直线的倾角 θ_2,其自由度由 3 个减为 2 个。由此可知,**一根链杆相当于一个约束**。

如图 4-7(b)所示,用一个圆柱铰 A 将两个刚片连接起来,这种连接两个刚片的铰,称为**单铰**。对刚片 1 而言,它有三种独立的运动方式,其位置由 A 点的坐标 x、y 轴和倾角 θ_1 确定,因此,它仍然有三个自由度。刚片 1 的位置确定后,刚片 2 因与刚片 1 在 A 点铰结,只能绕 A 点转动,故只有一种独立的运动方式,其位置仅需一个参数倾角 θ_2 就可确定,这样,两个刚片的自由度就由 6 减少为 4。由此可见,**一个单铰相当于两个约束**。

连接两个以上刚片的铰,称为**复铰**。如图 4-7(c)所示,三个刚片共用一个铰 A 连接,若刚片 1 的位置已确定,刚片 2、3 都只能绕 A 点转动,从而各减少了两个自由度。也就是说,连接三个刚片的复铰相当于两个单铰的作用。因此,假设 n 为刚片数,连接 n 个刚片的复铰相当于 $n-1$ 个单铰,**相当于 $2(n-1)$ 个约束**。

图 4-8 所示为用一个刚性连接将两个刚片连成一体,原来两个刚片在平面上共有 6 个自由度,刚性连接成整体后,剩下三个自由度。因此,**一个刚性连接相当于三个约束**。

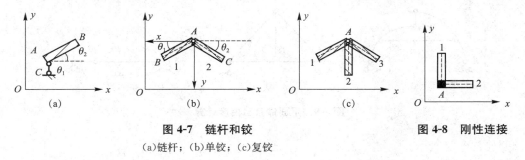

图 4-7 链杆和铰　　　　　　　　　图 4-8 刚性连接
(a)链杆;(b)单铰;(c)复铰

4.2 平面体系自由度的计算

视频：平面体系的自由度计算

用计算的方法求得体系的自由度，称为**计算自由度**。运用几何不变体系几何组成规则分析得出的体系自由度称为**实际自由度**。计算自由度和实际自由度通常是一致的。若约束布置不合理，也会出现两种不一致的情况，这在后面章节会讲到。本节研究计算自由度的求解方法。

任何一个体系均可以认为是由基本部件加约束装置所组成的。用不考虑约束作用时体系上所有部件自由度的总和减去体系中全部约束数，即得**体系自由度数**。根据基本部件选择角度的不同，下面介绍两种计算自由度的方法。

4.2.1 刚片法

以刚片作为组成体系的基本部件进行计算的方法，称为刚片法。一个平面体系，通常是若干个刚片彼此用铰相连并用支座链杆与基础相连而成的。假设刚片数为 m，每个刚片的自由度为 3，即基本部件的总自由度为 $3m$；连接刚片的单铰数为 h，一个单铰相当于 2 个约束，即体系加入 $2h$ 个约束；支座链杆数为 r，一个支座链杆相当于 1 个约束，即体系加入 r 个约束。则体系的自由度 W 为

$$W = 3m - 2h - r \tag{4-1}$$

下面举例说明自由度 W 的计算。如图 4-9(a)所示体系，可将除支座链杆外的各杆件均当作刚片。其中 AE 和 EC 两杆在结点 E 处为刚结点，故 AEC 为一连续整体，所以可以视为一个刚片；同理，BFD 也可以视为一个刚片。这样，体系的刚片总数 $m=4$。体系中结点 E、C、D、F 都是连接两个刚片，所以单铰总数 $h=4$。A、B 两点都为固定铰支座，一个固定铰支座相当于两个约束，所以支座链杆总数 $r=4$。于是根据式(4-1)，体系的自由度为

$$W = 3m - 2h - r = 3\times 4 - 2\times 4 - 4 = 0$$

对于图 4-9(b)所示体系，其自由度为

$$W = 3m - 2h - r = 3\times 5 - 2\times 6 - 3 = 0$$

对于图 4-9(c)所示体系，其自由度为

$$W = 3m - 2h - r = 3\times 2 - 2\times 1 - 5 = -1$$

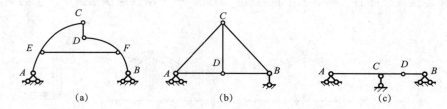

图 4-9 平面体系自由度计算

4.2.2 铰结点法

如图 4-9(b)所示,这种完全由两端铰接的杆件所组成的体系,称为铰接链杆体系。这类体系的计算自由度,除可用式(4-1)计算外,还可用下面更简便的公式来计算。

取铰结点作为体系的基本部件,将链杆作为约束,这种计算方法称为铰结点法。前面已经指出,一个结点有两个自由度、一根链杆相当于一个约束。现在假设结点数为 j,杆件数为 b,支座链杆数为 r。连接结点的每一个杆件都起一个约束的作用,则体系的计算自由度为

$$W = 2j - b - r \tag{4-2}$$

如图 4-9(b)所示的体系,按式(4-2)计算自由度,有

$$W = 2j - b - r = 2 \times 4 - 5 - 3 = 0$$

其结果与式(4-1)计算得的结果相同,但是后者的运算更为简便。

4.2.3 平面体系几何不变的必要条件

任何平面体系的自由度按式(4-1)或式(4-2)计算的结果将有以下三种情况:
(1) $W > 0$,表明体系缺少足够的约束,因此是几何可变体系。
(2) $W = 0$,表明体系具有成为几何不变所必需的最少约束数目。
(3) $W < 0$,表明体系具有多余的约束。

因此,**一个几何不变体系必须满足 $W \leqslant 0$ 的条件。**

有时不考虑支座链杆,而只考虑体系本身的几何不变性。这时由于本身为几何不变的体系作为一个刚片在平面内有 3 个自由度,因此**体系本身为几何不变时必须满足 $W \leqslant 3$ 的条件。**

必须指出,$W \leqslant 0$(体系本身 $W \leqslant 3$)只是体系几何不变的必要条件,而不是充分条件。因为尽管体系总的约束数目足够甚至还有多余,但若布置不当,则仍可能是几何可变的,如图 4-10(a)、(b)所示的两个体系,虽然都是 $W = 0$,但前者是几何不变的;后者是几何可变的。为了判别体系是否几何不变,还必须进一步研究体系几何不变的充分条件,即几何不变体系的合理组成规则。

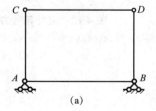 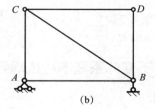

图 4-10 体系几何不变的必要条件
(a)几何不变体系;(b)几何可变体系

4.3 平面体系几何组成规则与分析

由上节内容可知，由公式计算得自由度 $W \leqslant 0$ 并不能保证体系一定是几何不变的。为了判别体系是否几何不变，还需要进一步研究几何不变体系的组成规则。为此，本节先介绍虚铰的概念，然后介绍几何不变体系的组成规则，同时，讨论体系的几何组成与静定性的关系。

视频：平面体系的简单组成规则　　视频：几何组成分析

4.3.1 虚铰

当链杆实实在在地相交在一起，并用铰相连，此铰称为**实铰**，如图 4-11(a)所示，AB、BC 杆相交于铰 B，铰 B 为实铰。如果两根链杆不相交，如图 4-11(b)所示，两刚片用两根链杆相连。假定刚片 2 为地基，不动；刚片 1 运动时，链杆 AB 将绕 A 点转动，因而，B 点将沿与 AB 杆垂直的方向运动；同理，D 点将沿与 CD 杆垂直的方向运动。显然，整个刚片 1 将绕 AB 与 CD 两杆延长线的交点 O 转动，O 点称为刚片 1、2 的**相对转动瞬心**，相当于将刚片 1、2 在 O 点用一个铰相连一样，连接两个刚片的两根链杆的作用，相当于在其交点 O 处的一个单铰。不过这个铰的位置是随着链杆的转动而改变的，这种铰称为**虚铰**。

当链杆如图 4-12(a)所示布置时，为实铰。虚铰还有两种特殊情况：当链杆如图 4-12(b)所示布置时，虚铰位于两链杆的搭接处；当链杆如图 4-12(c)所示布置时，虚铰的位置可以认为在无穷远处，刚片Ⅱ的瞬时运动成为平动。

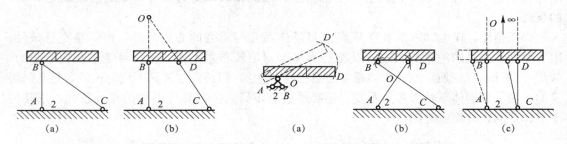

图 4-11　实铰与虚铰　　　　　　　　　　图 4-12　链杆布置方式
(a)实铰；(b)虚铰　　　　　(a)实铰；(b)虚铰位于搭接处；(c)虚铰位于无穷远处

4.3.2 几何不变体系基本组成规则

1. 三刚片规则

三个刚片用不在同一直线上的三个单铰两两相连，组成的体系是几何不变的。

如图 4-13 所示，铰接三角形的每一根杆件均为一个刚片，每个刚片间均用一个单铰相连，故称为**两两相连**。假定刚片Ⅰ不动，则刚片Ⅱ只能绕铰 A 转动，其上面的 C 点只能在以 A 点为圆心、AC 为半径的圆弧上运动。刚片Ⅲ只能绕铰 B 转动，其上的 C 点只能在以 B 点为圆心、BC 为半径的圆弧上运动。但是刚片Ⅱ、Ⅲ又用铰 C 相连，铰 C 不可能同时沿两个不同方向的圆弧运动，因而，只能在两个圆弧的交点处固定不动。由此可见，各刚片之间不可能发生任何相对运动。因此，这样的体系是几何不变的。

如图 4-14 所示，三铰拱地基视为刚片Ⅰ，其左、右两半拱可视为刚片Ⅱ、Ⅲ，A、B、C 处为铰接。所以，此体系是由不在同一直线上的三个单铰两两相连组成的，因而是几何不变体系。

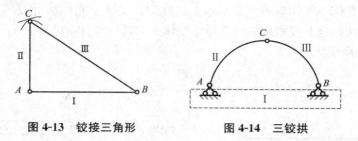

图 4-13　铰接三角形　　　　　图 4-14　三铰拱

由于两根链杆的约束作用相当于在其交点处的一个单铰，故三刚片规则里所说的三个单铰中任何一个单铰，都可以用适当位置的两根链杆来代替，如图 4-15 所示。但若链杆和单铰的布置不恰当，如图 4-16 所示，则体系称为瞬变体系。

2. 二元体规则

如图 4-17 所示，体系是按三刚片规则组成的。但是，如果将其中的两个刚片看成链杆，则该体系又可以看成：在一个刚片上增加两根不在同一直线上的链杆，两链杆的另一端用铰相连。这种**两根不在同一直线上的链杆连接成一个新结点的构造称为二元体**。显然，在一个刚片上增加一个二元体，体系仍然为几何不变体系，因为实质上它与三刚片规则是相同的，只是在分析某些问题时，使用二元体规则更为方便。

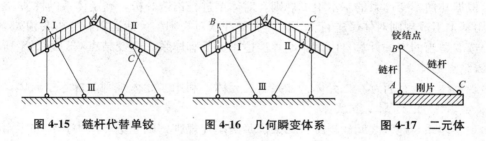

图 4-15　链杆代替单铰　　　图 4-16　几何瞬变体系　　　图 4-17　二元体

如图 4-18 所示，选择任意铰接三角形 123 为基础，增加一个二元体得结点 4，得到不变体系 1234，再增加一个二元体 5，以此类推，最后组成该桁架，所以该桁架是几何不变的。

另外，用依次拆除二元体的方法来分析。在图 4-18 中，依次拆除二元体 10、9、8、7、…，最后剩下三角形 123，它是几何不变的，所以原体系是几何不变的。如果去掉二元体后剩下的部分是几何可变的，则原体系必定是几何可变的。

综上所述，在一个体系上增加或拆除二元体，不会改变原有体系的几何构造性质，称为**二元体规则**。

3. 两刚片规则

两个刚片用一个铰和一根不通过此铰的链杆相连，或用三根不全平行也不汇交于同一点的链杆相连，组成的体系是几何不变的。

如图 4-19(a)所示，显然这个体系也是按照三刚片规则组成的，只是将其中一个刚片当作链杆而已。如图 4-19(b)所示，用三根链杆将两个刚片相连，根据虚铰概念，链杆 AB、CD 可看成在其交点 O 处的一个铰，所以，这两刚片又相当于用铰 O 和链杆 EF 相连，且铰与链杆不共线。因此体系是几何不变的。

上面介绍了几何不变体系的三条基本组成规则，实际上它们彼此是等效的，只是表述方式不同而已。按照这些规则组成的几何不变体系，其计算自由度 $W=0$（体系本身 $W=3$），因而都没有多余的约束。

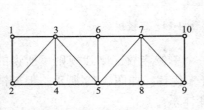

图 4-18 增加或拆除二元体

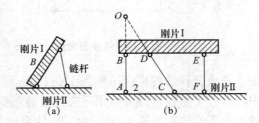

图 4-19 两刚片规则

4.3.3 平面体系的几何组成分析

对平面体系进行是否几何不变的判别，称为**平面体系的几何组成分析**。一般可以分为以下两大步骤：

(1)利用式(4-1)或式(4-2)求出体系的自由度，对体系进行初步判别；
(2)根据几何不变体系的基本组成规则，对体系进行构造分析，确定体系的性质。

在用基本组成规则对体系进行分析时，关键在于对规则的灵活运用。分析要领如下：

(1)选取适当的方法计算自由度：刚片法适用于所有体系，而铰结点法只适用于所有结点都为铰结点的体系。

(2)观察体系上是否存在二元体：如果有二元体，利用二元体规则，拆除二元体，使体系简化；或者增加二元体，扩大刚片。

(3)观察体系与地基之间的连接：如果满足两刚片规则，则先把支座去掉；如果由四个链杆连接，则考虑将地基视为一个刚片。

(4)支座或刚片的等效代换：在不改变支座或刚片与周围的连接方式的前提下，可以改变它们的大小、形状及内部组成。

下面举例说明几何组成分析的方法。

【**例 4-1**】 试对图 4-20(a)所示的体系进行几何组成分析。

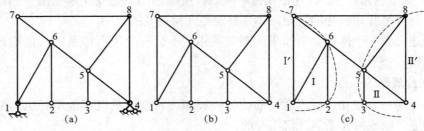

图 4-20 例 4-1 图

解：（1）计算自由度。已知：$m=13$，$h=18$，$r=3$，

由刚片法：
$$W=3m-2h-r$$

得 $W=3\times13-2\times18-3=0$

（2）几何组成分析。

1）该体系与地基用不全平行也不汇交于同一点的三根链杆相连，满足两刚片规则。所以，可以将支座去掉，如图 4-20(b) 所示，只考虑体系本身即可。

2）在图 4-20(c) 中，链杆 12、16、26 由不在同一直线上的三个单铰 1、2、6 两两相连，满足三刚片规则，此时把 126 视为刚片 Ⅰ；再在刚片 Ⅰ 上增加二元体 176 后，满足二元体规则，仍然为几何不变体系，可以将 1267 视为一个扩大的刚片 Ⅰ′。同理，将 345 视为刚片 Ⅱ，3485 视为刚片 Ⅱ′，如图 4-20(c) 所示。刚片 Ⅰ′、刚片 Ⅱ′ 由链杆 23、56、78 相连，三根链杆不全平行，也不汇交于同一点，满足两刚片规则。

综上所述，该体系为无多余约束的几何不变体系。

【例 4-2】 试对图 4-21(a) 所示体系进行几何组成分析。

解：（1）计算自由度。已知 $j=12$，$b=21$，$r=4$，

由铰结点法：
$$W=2j-b-r$$

得 $W=2\times12-21-4=-1$

（2）分析几何组成。

1）将 C 点的支座改成如图 4-21(b) 所示。

2）将链杆 1、链杆 3 延长，形成虚铰 O；将链杆 2、链杆 4 延长，形成虚铰 O'，如图 4-21(c) 所示。

3）将基础视为刚片 Ⅰ、ADEG 视为刚片 Ⅱ、BFEH 视为刚片 Ⅲ，如图 4-21(d) 所示。刚片 Ⅰ、Ⅱ、Ⅲ 由单铰 E 和虚铰 O、O' 两两相连，且三个铰不在同一条直线上，满足三刚片规则。剩下一个多余的链杆 GH。

综上所述，该体系为有一个多余约束的几何不变体系。

【例 4-3】 试对图 4-22(a) 所示的体系进行几何组成分析。

解：（1）计算自由度。已知 $m=8$，$h=11$；$r=4$，如图 4-22(b) 所示。

由刚片法：
$$W=3m-2h-r$$

得 $W=3\times8-2\times11-4=-2$

（2）分析几何组成。

1）拆除二元体 1，得图 4-22(c)；

2）拆除二元体 2，得图 4-22(d)；

3）拆除二元体 3，得图 4-22(e)；

4）将地基视为刚片 Ⅰ、AC 视为刚片 Ⅱ、CB 视为刚片 Ⅲ，如图 4-22(f) 所示，刚片 Ⅰ、Ⅱ、Ⅲ 由在同一直线上的三个单铰两两相连，是一个瞬变体系。

综上所述，该体系为几何可变体系。

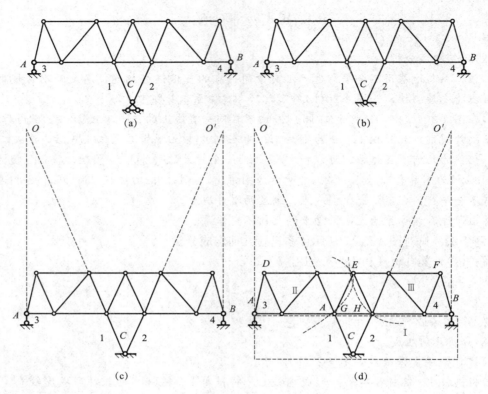

图 4-21 例 4-2 图

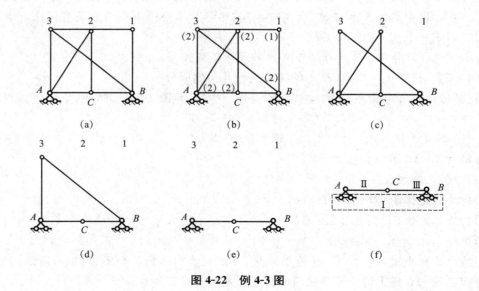

图 4-22 例 4-3 图

4.3.4 结构的静定性与几何组成的关系

结构的静定性与几何组成有关。

如图 4-23(a)所示，简支梁 AB 用三根链杆与地基相连组成几何不变体系，它的三根链杆无论哪一根，都是不可缺少的。因为去掉其中一根，体系即变成几何可变的，因而该体系无多余约束。从静力计算上看，该梁的三个未知支座反力和任一截面上的内力均可由静力平衡条件确定，因而它是静定结构。

图 4-23(b)所示的连续梁则不同，它用四根链杆与地基相连，去掉其中任何一个竖向链杆，体系仍然是几何不变的。从保持体系几何不变的角度上说，该体系有一根"多余"的竖向约束。由于该梁有四个未知支座反力，无法用静力平衡条件确定全部反力和内力，故它是超静定的。

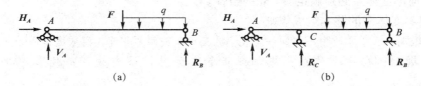

图 4-23 静定结构与超静定结构
(a)静定结构；(b)超静定结构

由此可见，**静定结构的几何组成特征是几何不变且无多余约束；超静定结构的几何组成特征是几何不变且有多余约束**。按照基本组成规则，几何不变体系都无多余约束，都是静定的；若在此基础上还有多余约束，便是超静定结构了。

至于瞬变和常变体系，前者内力无穷大，特殊情况下为不定值；后者在任意荷载作用下无法维持平衡，均无静力学答案，所以就谈不上是静定或超静定。

本章小结

本章讨论几何不变体系、几何可变体系及瞬变体系；自由度及约束；刚片法及铰结点法；平面体系几何不变的必要条件；几何不变体系的基本组成规则；体系的几何组成分析；结构的静定性与几何组成的关系。

1. 几何不变体系、几何可变体系及瞬变体系

几何不变体系：在不考虑材料应变的条件下，任意荷载作用后体系的位置和形状均能保持不变。

几何可变体系：在不考虑材料变形的条件下，即使作用荷载不大，也会产生机械运动而不能保持其原有形状和位置的体系。

几何瞬变体系：发生微小的位移后又成为几何不变的体系。其是可变体系的一种特殊情况。

2. 自由度及约束

平面内一点有**两个自由度**；平面内一个刚片有**三个自由度**。**一个体系的自由度，等于**

这个体系运动时可以独立改变的坐标数目。

一根链杆相当于一个约束；一个单铰相当于两个约束；一个复铰相当于 $n-1$ 个单铰，等于 $2(n-1)$ 个约束；一个刚性连接相当于三个约束。

3. 刚片法及铰结点法

刚片法：以刚片作为组成体系的基本部件进行计算的方法。$W=3m-2h-r$。

铰结点法：取铰结点作为体系的基本部件，将链杆作为约束，这种计算方法称为铰结点法。$W=2j-b-r$。

4. 平面体系几何不变的必要条件

$W>0$，表明体系缺少足够的约束，因此是几何可变体系。

$W=0$，表明体系具有成为几何不变所必需的最少约束数目。

$W<0$，表明体系具有多余的约束。

一个几何不变体系必须满足 $W \leqslant 0$ 的条件。

5. 几何不变体系的基本组成规则

三刚片规则：三个刚片用不在同一直线上的三个单铰两两相连，组成的体系是几何不变的。

二元体规则：在一个体系上增加或拆除二元体，不会改变原有体系的几何构造性质。

两刚片规则：两个刚片用一个铰和一根不通过此铰的链杆相连，或用三根不全平行也不汇交于一点的链杆相连，组成的体系是几何不变的。

6. 体系的几何组成分析

对体系进行是否几何不变的判别，称为**体系的几何组成分析**。一般可以分为两大步骤：

(1) 利用式(4-1)或式(4-2)求出体系的计算自由度，对体系进行初步判别；

(2) 根据几何不变体系的基本组成规则，对体系进行构造分析，最后确定体系的性质。

7. 结构的静定性与几何组成的关系

静定结构的几何组成特征是几何不变且无多余约束；超静定结构的几何组成特征是几何不变且有多余约束。

习 题

4-1 什么是几何不变体系和几何可变体系？

4-2 进行几何组成分析的作用有哪些？

4-3 什么是几何瞬变体系？为什么瞬变体系不能应用于工程结构？

4-4 举例说出几个能直接观察出来的几何不变体系。

4-5 一个几何可变体系，能否用增加约束的方法使它成为几何不变体系？试举例说明。

4-6 怎样组成二元体？在一个几何不变体系上增加或去掉一个二元体能否使该体系成为几何可变？

4-7 三个刚片用在同一直线上的三个单铰两两相连组成什么体系？

4-8 什么是静定结构？什么是超静定结构？它们有什么共同点？其根本区别是什么？举例予以说明。

4-9 试对图 4-24 所示的体系进行几何组成分析。如为几何不变体系，需要指出有无多余约束，多余约束的数目是多少？

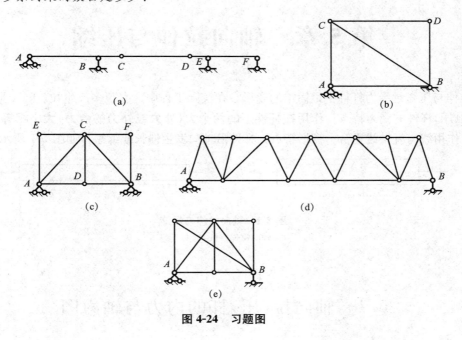

图 4-24 习题图

第 5 章 轴向拉伸与压缩

拉伸与压缩是受力杆件中最简单的变形。在实际工程中,有很多产生拉(压)变形的实例。轴向拉(压)杆件的受力特点:**作用在杆件上的两个力(外力或外力的合力)大小相等、方向相反,且作用线与杆轴线重合**;变形特点:**杆件沿轴向发生伸长或缩短**,如图5-1所示。

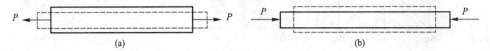

图 5-1 轴向拉伸与压缩
(a)轴向拉伸;(b)轴向压缩

5.1 轴向拉(压)杆的内力与轴力图

内力是指构件本身一部分与另一部分之间的相互作用。

5.1.1 用截面法求轴向拉(压)杆的内力

视频:截面法求轴向拉压杆的内力——轴力　　视频:轴力及轴力图　　视频:轴力图

1. 截面法

截面法是显示和确定内力的基本方法。如图5-2(a)所示的拉杆,欲求该杆任一截面 $m-m$ 上的内力,可沿此截面将杆件假想地截分成 A 和 B 两个部分,任取其中一部分(A 部分)为研究对象,如图5-2(b)所示,将弃去的部分 B 对保留部分 A 的作用以内力 N 来代替。由于杆件原来处于平衡状态,故截开后各部分仍然保持平衡。由平衡方程:

$$\sum X=0 \quad N-P=0$$

得
$$N=P$$

如取杆的 B 部分为研究对象,如图5-2(c)所示,求同一截面 $m-m$ 上的内力时,可得相同的结果。

$$\sum X=0 \quad N'-P=0,$$

得
$$N'=P$$

这种显示并确定内力的方法称为**截面法**。

综上所述,截面法求内力的步骤可以归纳为截取、代替、平衡。

截取:用一个假象的截面,将杆件沿需求内力的截面处截为两部分,取其中任一部分为研究对象。

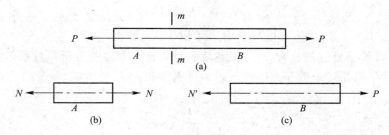

图 5-2 截面法
(a)拉杆；(b)截去右边；(c)截去左边

代替：用内力来代替弃去部分对选取部分的作用。
平衡：用静力平衡条件，根据已知外力求出内力。

需要指出的是，截面上的内力是分布在整个截面上的，利用截面法求出的内力是这些分布内力的合力。

2. 轴向拉(压)杆的内力——轴力

由于轴向拉(压)杆的外力沿轴线作用，内力必然也沿轴线作用，故拉(压)杆的内力称为**轴力**。

轴力的符号规定：以产生拉伸变形时的轴力为正，产生压缩变形时的轴力为负。

3. 计算轴力时的注意事项

(1) 通常选取受力简单的部分为研究对象。
(2) 根据杆件所受外力情况，明确是否需要分段计算。
(3) 计算杆件某一段轴力时，不能在外力作用点处截开。
(4) 通常先假设截面上的轴力为正，当计算结果为正时，既说明轴力与假设方向一致，也说明轴力为拉力；当计算结果为负时，既说明轴力与假设方向相反，也说明轴力为压力。

【**例 5-1**】 设一直杆 AB 沿轴向受到 3 个力作用，$P_1=4$ kN，$P_2=6$ kN，$P_3=3$ kN，如图 5-3(a)所示，试求杆各段的轴力。

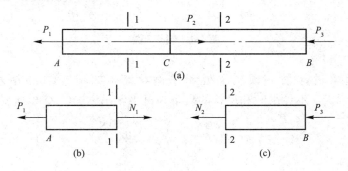

图 5-3 例 5-1 图

分析：图中 3 个轴向外力将直杆 AB 分成了 2 段，即 AC 段和 CB 段，杆件 AC 段和 CB 段受外力不同，所以内力、轴力不同，因而需要分段研究。

解：(1) 在 AC 段内用截面 1—1 将杆截开，取左段为研究对象，将右段对左段的作用以内力 N_1 代替，如图 5-3(b)所示，且均假定轴力为拉力。由平衡方程：

$$\sum X = 0 \quad N_1 - P_1 = 0$$

得 $N_1 = P_1 = 4 \text{ kN}(拉力)$

(2) 求CB段的轴力。用截面2—2假想地将杆截开,取右段为研究对象,将左段对右段的作用以内力 N_2 代替,如图5-3(c)所示,由平衡方程:

$$\sum X = 0, \quad N_2 + P_3 = 0$$

得 $N_2 = -P_3 = -3 \text{ kN}(压力)$

【例5-2】 求图5-4(a)所示阶梯杆各段的轴力。

分析: 整个杆件两端 A 与 C 分别受外力作用,中间变截面处 B 也受到外力的作用,所以三处外力将杆件分为 AB 和 BC 两段,每段轴力不一样,分两次求出轴力。

解:(1) 求 AB 段的轴力。取 $1—1$ 截面右段为研究对象(这里只能取右段,而不能取左段,因为取左段的话,左端的约束反力未知,不能求出轴力),在 $1—1$ 截断面处,内力以外力的形式呈现,以拉力 N_1 表示,受力图如图5-4(b)所示,由平衡方程得:

$$\sum X = 0 \quad -10 + 20 - N_1 = 0$$
$$N_1 = 10 \text{ kN}(拉力)$$

(2) 求 BC 段的轴力。取 $2—2$ 截面右段为研究对象(这里取右段计算最简单),在 $2—2$ 截断面处,内力以外力的形式呈现,以拉力 N_2 表示,受力图如图5-4(c)所示,由平衡方程得:

$$\sum X = 0, \quad -10 - N_2 = 0$$
$$N_2 = -10 \text{ kN}(压力)$$

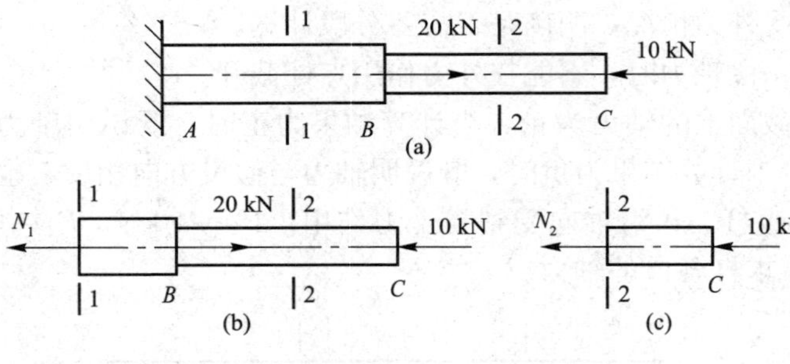

图5-4 例5-2图

【例5-3】 起重机起吊一预制梁处于平衡状态,如图5-5(a)所示。已知预制梁重 $G = 20 \text{ kN}$,$\alpha = 45°$,不计吊索和吊钩的自重,试求斜吊索 AC、BC 所受的力。

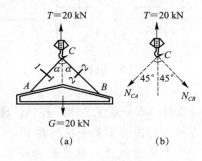

图5-5 例5-3图

解： 用 1—1 和 2—2 两个截面将吊索 AC、BC 截开，取吊钩 C 为研究对象，吊钩 C 受到吊索 AC、BC 的拉力及起重机竖直向上的拉力，如图 5-5(b)所示，两斜吊索在两个截断面处的内力表现为对吊钩的拉力，分别记为 N_{CA} 和 N_{CB}。由平衡条件得：

$$\sum X = 0, \quad N_{CB}\sin45° - N_{CA}\sin45° = 0$$

$$N_{CB} = N_{CA}$$

$$\sum Y = 0, \quad 20 - N_{CA}\cos45° - N_{CB}\cos45° = 0$$

$$20 - 2N_{CA}\cos45° = 0$$

$$N_{CA} = N_{CB} = \frac{20}{2\cos45°} = \frac{20}{2 \times 0.707} = 14.14 \text{(kN)}$$

根据以上例子，可以归纳出求轴力的结论：

杆件任一截面的轴力，在数值上等于该截面一侧（左侧或右侧）所有轴向外力的代数和。在代数和中，外力为拉力时取正，为压力时取负。

5.1.2 轴力图

工程中常有一些杆件，其上受到多个轴向外力的作用，这时不同横截面上轴力将不相同。为了形象地表示轴力沿杆长的变化情况，通常作出轴力图。

轴力图的绘制方法：用平行于杆轴线的坐标轴 x 表示杆件横截面的位置，以垂直于杆轴线坐标轴的 N 表示相应横截面上轴力的大小，正的轴力画在 x 轴上方，负的轴力画在 x 轴下方。这种表示轴力沿杆件轴线变化规律的图线，称为**轴力图**。在轴力图上，除标明轴力的大小、单位外，还应标明轴力的正负号。

【例 5-4】 试求图 5-6(a)所示直杆 AD 的轴力，并作轴力图。

解： 直杆 AD 在外力的作用下被分为 AB、BC 和 CD 三段，分别用 1—1、2—2 和 3—3 截面截取求轴力。

（1）用结论计算直杆各段的轴力。

AB 段轴力：$N_{AB} = -20$ kN

BC 段轴力：$N_{BC} = 10 - 20 = -10 \text{(kN)}$

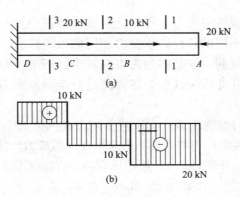

图 5-6 例 5-4 图

CD 段轴力：$N_{CD} = -20 + 10 + 20 = 10 \text{(kN)}$

（2）作轴力图。以平行于轴线的 x 轴为横坐标，垂直于轴线的 N 轴为纵坐标，将三段轴力对应标在坐标轴上，作出轴力图，如图 5-6(b)所示。

【例 5-5】 有一高度为 H 的正方形截面混凝土柱，如图 5-7(a)所示，顶部作用有轴心压力 P。已知材料重度为 γ，作柱的轴力图。

解： 因为要考虑混凝土柱的自重，所以柱的各截面轴力大小是变化的。计算任意截面 $n-n$ 上的轴力 $N(x)$ 时，将柱从该处假想地截开，取上段作为研究对象，受力图如图 5-7(b)所示。由平衡条件

$$\sum X = 0, \quad P + G(x) - N(x) = 0$$

得
$$N(x) = P + G(x) = P + \gamma A x$$

其中 $G(x) = \gamma A x$，是截面 $n-n$ 以上长度为 x 的一段柱的自重。由于材料重度 γ 和柱截面面积都是常量，所以 $G(x)$ 沿柱高呈直线规律变化。柱顶 $x=0$，$G(x)=0$；柱底 $x=H$，$G(x)=\gamma AH$。在自重单独作用下，柱的轴力图是一个三角形。当同时考虑柱自重和柱顶压力 P 时，轴力图如图 5-7(c)所示。最大轴力发生在柱底截面，其值为 $N=P+\gamma AH$。

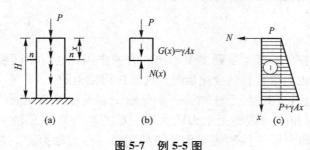

图 5-7 例 5-5 图

5.2 轴向拉(压)杆横截面上的正应力

5.2.1 应力的概念

视频：轴向拉(压)杆横截面上的正应力

在工程设计中，知道杆件的内力，还不能解决杆件的强度问题。例如，两根材料相同而粗细不同的杆件，承受着相同的轴向拉力，随着拉力的增加，细杆将首先被拉断，这是因为内力在较小面积上分布的密集程度大。由此可见，判断杆件的承载能力还需要进一步研究内力在横截面上分布的密集程度。

单位面积上的分布内力称为**应力**，它反映了内力在横截面上的分布集度。与截面垂直的应力称为**正应力**，用 σ 表示；与截面相切的应力称为**剪应力**，用 τ 表示。

应力的单位有帕(Pa)、千帕(kPa)、兆帕(MPa)、吉帕(GPa)，其换算关系为

$$1 \text{ Pa} = 1 \text{ N/m}^2$$
$$1 \text{ kPa} = 10 \text{ MPa}$$
$$1 \text{ MPa} = 1 \text{ N/mm}^2 = 10^6 \text{ Pa}$$
$$1 \text{ GPa} = 10^9 \text{ Pa}$$

5.2.2 轴向拉(压)杆横截面上的正应力

要计算正应力 σ，必须知道分布内力在横截面上的分布规律。在材料力学中，通常采用的方法是：通过试验观察其变形情况，提出假设；由分布内力与变形的物理关系，得到应力的分布规律；再由静力平衡条件得出应力计算公式。

(1)试验观察。取一直杆，如图 5-8(a)所示，在其侧面任意画两条垂直于杆轴线的横向线 ab 和 cd。拉伸后，可观察到横向线 ab、cd 分别平行移到了位置 $a'b'$ 和 $c'd'$，但仍为直线，且仍然垂直于杆轴线，如图 5-8(b)所示。

(2)假设与推理。根据上述观察的现象，提出以下假设及推理：

变形前原为平面的横截面，变形后仍保持为平面，这就是平面假设。

假设杆件是由无数根纵向纤维组成，由平面假设可知，任意两横截面间各纵向纤维具有相同的变形。

又根据材料的均匀连续性假设可知，各根纤维的性质相同，因此，拉杆横截面上的内力是均匀分布的，故各点处的应力大小相等，如图 5-8(c)所示。由于该应力垂直于横截面，**故拉杆横截面上产生的应力为均匀分布的正应力**。这一结论对于压杆也是成立的。

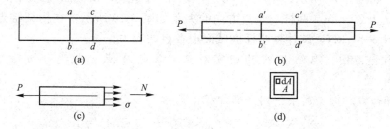

图 5-8 应力及应力分布

5.2.3 应力计算公式

在横截面上取一微面积 dA，如图 5-8(d)所示，作用在微面积上的微内力为 $dN=\sigma dA$，则整个横截面 A 上微内力的总和应为轴力 N，如图 5-8(c)所示，即

$$N = \int_A dN = \int_A \sigma dA = \sigma \int_A dA = \sigma A$$

得
$$\sigma = \frac{N}{A} \tag{5-1}$$

式中 N——横截面上的轴力；
A——横截面面积。

式(5-1)为拉(压)杆横截面上的正应力计算公式。

应该指出的是，在外力作用点附近，应力分布较复杂，且非均匀分布。式(5-1)适用于距离外力作用点稍远处(大于截面尺寸)横截面上的正应力计算。

σ 的符号规定：正号表示拉应力；负号表示压应力。

【例 5-6】 图 5-9 所示为一变截面圆柱，$r_1=30$ cm，$r_2=50$ cm，$l_1=2$ m，$l_2=3$ m，$P_1=60$ kN，$P_2=100$ kN，略去圆柱自重，求圆柱各段的轴力及应力。

解： 圆柱受轴向荷载作用，是轴向压缩。

(1) 计算圆柱各段轴力。

根据圆柱所受外力及变截面情况，轴力分为 AB 段和 BC 段计算。

AB 段： $N_1 = -P_1 = -60 \text{ kN}$（压力）

BC 段： $N_2 = -P_1 - P_2 = -60 - 100 = -160 (\text{kN})$（压力）

(2) 计算圆柱各段的应力。

AB 段：1—1 横截面上的轴力为压力，$N_1 = -60 \text{ kN}$，

横截面面积 $A_1 = \pi r_1^2 = \pi \times (30 \times 10)^2 = 2.83 \times 10^5 (\text{mm}^2)$。

则 $\sigma_1 = \dfrac{N_1}{A_1} = -\dfrac{60 \times 10^3}{2.83 \times 10^5} = -0.212 (\text{MPa})$（压应力）

BC 段：2—2 横截面上的轴力为压力，$N_2 = -160 \text{ kN}$，

横截面面积 $A_2 = \pi r_2^2 = \pi \times (50 \times 10)^2 = 7.85 \times 10^5 (\text{mm}^2)$。

则 $\sigma_2 = \dfrac{N_2}{A_2} = -\dfrac{160 \times 10^3}{7.85 \times 10^5} = -0.204 (\text{MPa})$（压应力）

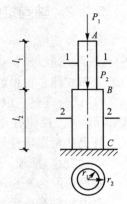

图 5-9 例 5-6 图

【例 5-7】 如图 5-10 所示，桁架由 AB 杆和 AC 杆组成，横截面均为圆形，直径分别为 $d_1 = 30 \text{ mm}$，$d_2 = 20 \text{ mm}$，两杆与竖直方向的夹角如图 5-10 所示，在桁架结点 A 处承受竖直方向的荷载 $F = 80 \text{ kN}$，试计算两杆横截面上各自的应力。

解： (1) 画受力图。取结点 A 为研究对象，假定 A 点受到两杆的轴力为拉力，如图 5-10(b) 所示。

(2) 求各杆轴力。由平衡条件列平衡方程：

$$\sum X = 0 \quad -F_{AB}\sin 30° + F_{AC}\sin 45° = 0$$

$$\sum Y = 0 \quad F_{AB}\cos 30° + F_{AC}\cos 45° - F = 0$$

求解得：

$$F_{AC} = \dfrac{\sqrt{2}}{\sqrt{3}+1} F = 41.4 (\text{kN})（拉力）$$

$$F_{AB} = \dfrac{2}{\sqrt{3}+1} F = 58.6 (\text{kN})（拉力）$$

(3) 求各杆正应力。

$$\sigma_{AB} = \dfrac{F_{AB}}{A_1} = \dfrac{4 \times F_{AB}}{\pi d_1^2} = \dfrac{4 \times 58.6 \times 10^3}{3.14 \times 30^2} = 82.9 (\text{MPa})（拉应力）$$

$$\sigma_{AC} = \dfrac{F_{AC}}{A_2} = \dfrac{4 \times F_{AC}}{\pi d_2^2} = \dfrac{4 \times 41.4 \times 10^3}{3.14 \times 20^2} = 131.8 (\text{MPa})（拉应力）$$

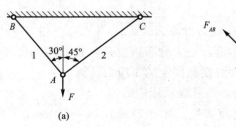
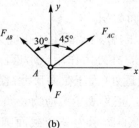

图 5-10 例 5-7 图

5.3 轴向拉(压)杆的强度计算

5.3.1 许用应力与安全系数

1. 极限应力与许用应力

根据对材料力学性质的研究可知,当塑性材料达到屈服极限时,会发生较大的塑性变形;脆性材料达到强度极限时,会引起断裂。构件在工作时,这两种情况都是不允许发生的。将构件发生显著变形或断裂时的最大应力,称为**极限应力**,用 σ^0 表示。

塑性材料以屈服极限为极限应力,即
$$\sigma^0 = \sigma_s$$
脆性材料以强度极限为极限应力,即
$$\sigma^0 = \sigma_b$$

为了保证构件安全、正常工作,仅将工作应力限制在极限应力以内是不够的。

视频:轴向拉压杆的强度计算

视频:轴向拉(压)杆的强度

视频:轴向拉压杆横截面正应力计算

因实际构件的工作条件受许多外界因素及材料本身性质的影响,故必须将工作应力限制在更小的范围,以保证有必要的强度储备。

将保证构件安全、正常工作所允许承受的最大应力,称为**许用应力**,用 $[\sigma]$ 表示。即
$$[\sigma] = \frac{\sigma^0}{K}$$

式中 $[\sigma]$——材料的许用应力;

σ^0——材料的极限应力;

K——安全系数,$K > 1$。

2. 安全系数

确定安全系数 K 时,主要应考虑的因素有材料质量的均匀性、荷载估计的准确性、计算方法的正确性、构件在结构中的重要性及工作条件等。安全系数的选取涉及许多方面的问题。目前,国内有关部门编制了一些规范和手册,如《公路桥涵设计通用规范》(JTG D60—2015)和《公路桥涵设计手册》,可供选取安全系数时参考。一般构件在常温、静载条件下:

塑性材料: $K_s = 1.5 \sim 2.5$

脆性材料: $K_b = 2 \sim 3.5$

许用应力 $[\sigma]$ 是强度计算中的重要指标,其值取决于极限应力 σ^0 及安全系数 K。

塑性材料:
$$[\sigma] = \frac{\sigma_s}{K_s}$$

或
$$[\sigma] = \frac{\sigma_{0.2}}{K_s}$$

脆性材料:
$$[\sigma] = \frac{\sigma_b}{K_b}$$

安全系数的选取和许用应力的确定,关系到构件的安全与经济两个方面。这两个方面往往是相互矛盾的,应该正确处理好它们之间的关系,片面地强调任何一方面都是不妥当

的。如果片面地强调安全,采用的安全系数过大,不仅浪费材料,而且会使设计的构件变得笨重;相反,如果不适当地强调经济,采用的安全系数过小,则不能保证构件安全,甚至会造成事故。

5.3.2 轴向拉压杆的正应力强度条件

为了保证构件安全可靠地工作,必须使构件的最大工作应力不超过材料的许用应力。

拉(压)杆件的强度条件为

$$\sigma_{max}=\frac{N_{max}}{A}\leqslant [\sigma]$$

式中 σ_{max}——最大工作应力;
N_{max}——构件横截面上的最大轴力;
A——构件的横截面面积;
$[\sigma]$——材料的许用应力。

对于变截面直杆,应找出最大应力及其相应的截面位置,进行强度计算。

5.3.3 强度条件的应用

根据强度条件,可解决工程实际中有关构件强度的三类问题。

(1)强度校核。已知构件的材料、横截面尺寸和所受荷载,校核构件是否安全,即

$$\sigma_{max}=\frac{N_{max}}{A}\leqslant [\sigma]$$

(2)设计截面尺寸。已知构件承受的荷载及所用材料,确定构件横截面尺寸,即

$$A\geqslant \frac{N_{max}}{[\sigma]}$$

由上式可算出横截面面积,再根据截面形状确定其尺寸。

(3)确定许可荷载。已知构件的材料和尺寸,可按强度条件确定构件能承受的最大荷载,即

$$N_{max}\leqslant A[\sigma]$$

由 N_{max} 再根据静力平衡条件,可确定构件所能承受的最大荷载。

【例 5-8】 图 5-11(a)所示为三铰屋架的计算简图,屋架的上弦杆 AC 和 BC 承受竖向均布荷载 q 作用,$q=4.5$ kN/m。下弦杆 AB 为圆截面钢拉杆,材料为 Q235 钢,其长 $l=8.5$ m,直径 $d=16$ mm,屋架高度 $h=1.5$ m,Q235 钢的许用应力$[\sigma]=170$ MPa。试校核拉杆 AB 的强度。

解:(1)求屋架的支座反力。因为屋架结构对称,受力也对称,所以由对称性得

$$R_A=R_B=\frac{q\times 8.5}{2}=\frac{4.5\times 8.5}{2}=19.125(kN)$$

(2)求拉杆 AB 的轴力 N_{AB}。用截面法,取半个屋架为研究对象,受力图如图 5-11(b)所示,根据平衡条件列方程:

$$\sum m_c=0 \quad -R_A\times \frac{8.5}{2}+N_{AB}\times 1.5+q\times \frac{8.5}{2}\times \frac{8.5}{4}=0$$

求解得

$$N_{AB}=27.09 \text{ kN}$$

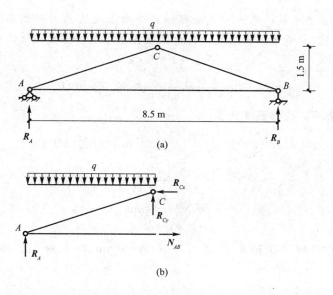

图 5-11 例 5-8 图

(3) 求拉杆 AB 横截面上的工作应力 σ。

$$\sigma = \frac{N_{AB}}{A_{AB}} = \frac{4 \times N_{AB}}{\pi d^2} = \frac{4 \times 27.09 \times 10^3}{\pi \times 16^2} = 134.80 \text{(MPa)}$$

(4) 强度校核

$$\sigma = 134.80 \text{ MPa} < [\sigma]$$

满足强度条件，故拉杆 AB 的强度是安全的。

【例 5-9】 如图 5-12(a)所示，桁架中 AB 杆为钢杆，水平放置，横截面为圆形，AC 杆是木杆，与竖直支撑面的夹角为 45°，横截面为正方形，在结点 A 处承受竖直方向的荷载 F 作用，试确定钢杆 AB 横截面的直径 d 与木杆 AC 横截面的边长 b。已知荷载 F=50 kN，钢的许用应力 $[\sigma_s]$=160 MPa，木的许用应力 $[\sigma_w]$=10 MPa。

解：(1) 对结点 A 受力分析。

选取结点 A 为研究对象，受力图如图 5-12(b)所示。

(2) 求 AB 杆和 AC 杆所受轴力。

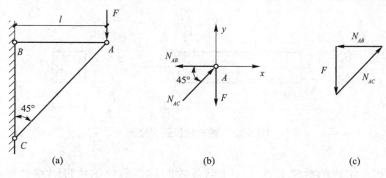

图 5-12 例 5-9 图

这里可用两种方法求解,第一种方法可根据平面汇交力系的平衡条件列方程求解,第二种方法可如图 5-12(c)所示,采用直角三角函数关系求解。下面用第二种方法求解。

$$N_{AB} = F = 50 \text{ kN}$$

$$N_{AC} = \frac{F}{\cos 45°} = \frac{50}{\cos 45°} = 70.72 (\text{kN})$$

(3)运用强度条件,进行强度计算。

$$\sigma_{AB} = \frac{N_{AB}}{A_{AB}} = \frac{4 \times 50 \times 10^3}{\pi d^2} \leqslant [\sigma_s] = 160(\text{MPa})$$

$$\sigma_{AC} = \frac{N_{AC}}{A_{AC}} = \frac{70.71 \times 10^3}{b^2} \leqslant [\sigma_w] = 10(\text{MPa})$$

求解得
$$d \geqslant 20.0 \text{ mm}$$
$$b \geqslant 84.1 \text{ mm}$$

所以可以确定钢杆 AB 横截面的直径 d 为 20 mm,木杆 AC 横截面的边长可取为 85 mm。

5.4 轴向拉(压)杆的变形计算

5.4.1 线变形、线应变、胡克定律

如图 5-13 所示,设杆件原长为 l,受轴向拉力 P 作用,变形后的长度为 l_1,则杆件长度的改变量为

$$\Delta l = l_1 - l$$

视频:轴向拉(压)杆的变形　　视频:轴向拉(压)杆的变形计算　　视频:轴向拉(压)杆的受力和变形

Δl 称为**线变形**(或绝对变形),伸长时 Δl 为正号,缩短时 Δl 为负号。

试验表明,在材料的弹性范围内,Δl 与外力 P 和杆长 l 成正比,与横截面面积 A 成反比,即

$$\Delta l \propto \frac{Pl}{A}$$

引入一个比例系数 E,由于 $P = N$,上式可写为

$$\Delta l = \frac{Nl}{EA} \tag{5-2}$$

图 5-13 轴向拉(压)杆变形

式(5-2)为胡克定律的数学表达式。比例系数 E 称为材料的**拉(压)弹性模量**,它与材料的性质有关,是衡量材料抵抗变形能力的一个指标。各种材料的 E 值由试验测定,其单位与应力的单位相同。一些常用材料的 E 值见表 5-1。EA 称为杆件的抗拉(压)刚度,它反映

了杆件抵抗拉(压)变形的能力。对长度相同、受力相等的杆件，EA 越大，则变形 Δl 就越小；反之，EA 越小，则变形 Δl 就越大。

由式(5-2)可以看出，杆件的线变形 Δl 与杆件的原始长度 l 有关。为了消除杆件原长 l 的影响，更确切地反映材料的变形程度，将 Δl 除以杆件的原长 l，用单位长度的变形 ε 来表示，即

$$\varepsilon = \frac{\Delta l}{l}$$

ε 称为**相对变形或线应变**，是一个无单位的量。拉伸时，Δl 为正值，ε 也为正值；压缩时，Δl 为负值，ε 也为负值。

若将式(5-2)改写为

$$\frac{\Delta l}{l} = \frac{1}{E} \times \frac{N}{A}$$

并以 $\frac{\Delta l}{l} = \varepsilon$，$\frac{N}{A} = \sigma$ 这两个关系式代入上式，可得胡克定律的另一表达形式：

$$\sigma = E\varepsilon \tag{5-3}$$

式(5-3)又可表述：当应力在弹性范围内时，应力与应变成正比。

5.4.2 横向变形、泊松比

杆件在受到拉伸或压缩时，横截面尺寸也会相应地发生改变。图 5-13 中的拉杆，原横向尺寸为 b，拉伸后变为 b_1，则横向尺寸改变量为

$$\Delta b = b_1 - b$$

横向线应变 ε' 为

$$\varepsilon' = \frac{\Delta b}{b}$$

拉伸时，Δb 为负值，ε' 也为负值；压缩时，Δb 为正值，ε' 也为正值。故拉伸和压缩时的纵向线应变与横向线应变的正负号总是相反的。

试验表明，杆的横向应变与纵向应变之间存在着一定的关系。在弹性范围内，横向应变 ε' 与纵向应变 ε 的比值的绝对值是一个常数，用 υ 表示：

$$\upsilon = \left| \frac{\varepsilon'}{\varepsilon} \right| \tag{5-4}$$

υ 称为**泊松比**或**横向变形系数**，其值可通过试验确定。由于 ε 与 ε' 的符号恒为异号，故有

$$\varepsilon' = -\upsilon\varepsilon \tag{5-5}$$

弹性模量 E 和泊松比 υ 都是反映材料弹性性能的常数。表 5-1 所列为常用材料的 E、υ 值。

表 5-1 常用材料的 E、υ 值

材料名称	弹性模量 E/GPa	泊松比 υ	材料名称	弹性模量 E/GPa	泊松比 υ
碳钢	200～220	0.25～0.33	16 锰钢	200～220	0.25～0.33
铸铁	115～160	0.23～0.27	铜及其合金	74～130	0.31～0.42
铝及硬铝合金	71	0.33	花岗石	49	—
混凝土	14.6～36	0.16～0.18	木材(顺纹)	10～12	—
橡胶	0.008	0.47	—	—	—

【例 5-10】 一等直钢杆 AD，横截面为圆形，直径 $d=10$ mm，在 A、B、C、D 四处受到轴向外力的作用，外力的大小如图 5-14(a)所示，材料的弹性模量 $E=210$ GPa。试计算：(1)钢杆的轴力，并画轴力图；(2)钢杆每段的伸长量；(3)钢杆每段的线应变；(4)钢杆全杆总伸长。

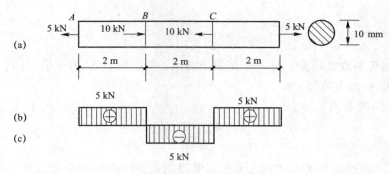

图 5-14　例 5-10 图

解：(1)求钢杆轴力图。
钢杆在四个轴向外力作用下被分成 3 段，用截面法分段求出轴力。
AB 段：　　　　　　　　　　　$N_{AB}=5$ kN
BC 段：　　　　　　　　　　　$N_{BC}=-5$ kN
CD 段：　　　　　　　　　　　$N_{CD}=5$ kN
轴力图如图 5-14(b)所示。
(2)求钢杆每段的伸长量。

AB 段：$\Delta l_{AB}=\dfrac{N_{AB}l_{AB}}{EA}=\dfrac{5\times 10^{3}\times 2}{210\times 10^{9}\times \dfrac{\pi\times(10\times 10^{-3})^{2}}{4}}=0.000\ 607(\text{m})=0.607$ mm

BC 段：$\Delta l_{BC}=\dfrac{N_{BC}l_{BC}}{EA}=\dfrac{-5\times 10^{3}\times 2}{210\times 10^{9}\times \dfrac{\pi\times(10\times 10^{-3})^{2}}{4}}=-0.000\ 607(\text{m})=-0.607$ mm

CD 段：$\Delta l_{CD}=\dfrac{N_{CD}l_{CD}}{EA}=\dfrac{5\times 10^{3}\times 2}{210\times 10^{9}\times \dfrac{\pi\times(10\times 10^{-3})^{2}}{4}}=0.000\ 607(\text{m})=0.607$ mm

(3)钢杆每段的线应变。

AB 段：　　　　　　$\varepsilon_{AB}=\dfrac{\Delta l_{AB}}{l_{AB}}=\dfrac{0.000\ 607}{2}=3.035\times 10^{-4}$

BC 段：　　　　　　$\varepsilon_{BC}=\dfrac{\Delta l_{BC}}{l_{BC}}=\dfrac{-0.000\ 607}{2}=-3.035\times 10^{-4}$

CD 段：　　　　　　$\varepsilon_{CD}=\dfrac{\Delta l_{CD}}{l_{CD}}=\dfrac{0.000\ 607}{2}=3.035\times 10^{-4}$

(4)钢杆全杆总伸长
$$\Delta l_{AD}=\Delta l_{AB}+\Delta l_{BC}+\Delta l_{CD}=0.607-0.607+0.607=0.607(\text{mm})$$

【例 5-11】 横截面为正方形的柱子分上、下两段，上段柱重为 G_1，下段柱重为 G_2，柱子的受力如图 5-15 所示。已知：$F=10$ kN，$G_1=2.5$ kN，$G_2=10$ kN，上段柱横截面边长为 240 mm，长度为 3 m，下段柱横截面边长为 370 mm，长度为 3 m，设柱子所用材料的弹性模量 $E=200$ GPa，试求：(1)上、下段柱的底截面 a—a 和 b—b 上的应力；(2)柱子顶面的位移。

解：(1)求截面 a—a 和 b—b 的轴力。

柱子在轴向外力作用下被分成上、下两段，用截面法分段求出轴力。

上段：$\qquad N_a=-10-2.5=-12.5$ kN

下段：$\qquad N_b=-3F-G_1-G_2=-42.5$ kN

(2)上、下段柱的底截面 a—a 和 b—b 上的应力。

上段：$\sigma_a=\dfrac{N_a}{A_a}=\dfrac{-12.5\times10^3}{(240\times10^{-3})^2}=-2.17\times10^5(\text{Pa})=-0.217$ MPa

下段：$\sigma_b=\dfrac{N_b}{A_b}=\dfrac{-42.5\times10^3}{(370\times10^{-3})^2}=-3.10\times10^5(\text{Pa})=-0.310$ MPa

(3)求上、下段柱的线应变。

上段：$\qquad \varepsilon_a=\dfrac{\sigma_a}{E}=\dfrac{-0.217}{200\times10^3}=-0.109\times10^{-5}$

下段：$\qquad \varepsilon_b=\dfrac{\sigma_b}{E}=\dfrac{-0.310}{200\times10^3}=-0.155\times10^{-5}$

(4)求柱子顶面的位移。

由 $\qquad\qquad\qquad\qquad \varepsilon=\dfrac{\Delta l}{l}$

得 $\qquad\qquad\qquad\qquad \Delta l=\varepsilon\times l$

上段：$\Delta l_a=\varepsilon_a\times l_a=-0.109\times10^{-5}\times3=-0.327\times10^{-5}(\text{m})=-0.0327$ mm

下段：$\Delta l_b=\varepsilon_b\times l_b=-0.155\times10^{-5}\times3=-0.465\times10^{-5}(\text{m})=-0.0465$ mm

$\qquad\qquad \Delta l=\Delta l_a+\Delta l_b=-0.0327-0.0465=-0.0792(\text{mm})$

负值表示柱子缩短。

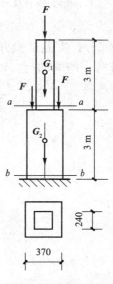

图 5-15　例 5-11 图

5.5　材料在拉伸和压缩时的力学性能

前面在介绍强度、变形计算中，涉及的许用应力、弹性模量、泊松比，这些指标都属于材料的力学性质。材料的力学性质是指材料受力时，力与变形之间的关系所表现出来的性能指标。材料的力学性质是根据材料的拉伸、压缩试验来测定的。

视频：材料在拉伸与　视频：钢筋拉伸试验
压缩时的力学性能

材料的力学性质不仅与材料自身的性质有关，还与荷载的类别(恒载与活载)、温度条件(常温、低温、高温)，以及加载速度等因素有关，且材料种类繁多，不可能也不必要逐一地对每种材料在不同条件下进行研究。下面主要以工程中常用的低碳钢和铸铁这两种最具有代表性的材料为例，研究它们在常温(一般指室温)、静载下(一般指缓慢加载)拉伸或压缩时的力学性质。

5.5.1 材料拉伸时的力学性能

1. 低碳钢(Q235A)在拉伸时的力学性能

为了便于对试验结果进行比较，拉伸试验的试件按国家标准《金属材料 拉伸试验 第 1 部分：室温试验方法》(GB/T 228.1—2010)制作，如图 5-16 所示。试件中间是一段等直杆，两端加粗，以便在试验机上夹紧。常用的标准试件的规格有比例试样和非比例试样两种。

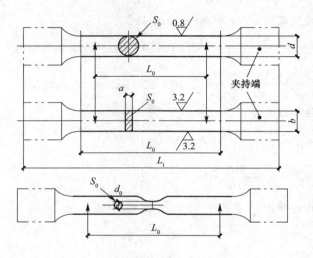

图 5-16 拉伸试验试件

凡试样标距与试样原始横截面面积有 $L_0 = k\sqrt{S_0}$ 关系的，称为比例标距，试样称为比例试样。式中，k 为比例系数。如果采用比例试样，应采用比例系数 $k=5.65$ 的值，因为此值为国际通用，除非采用此比例系数时不满足最小标距 15 mm 的要求。在必须采用其他比例系数的情况下，$k=11.3$ 优先采用。

试验在万能材料试验机上进行。由试验可测出每一个 P 值相对应的在标距长度 L_0 内的变形 Δl 值。取纵坐标表示拉力 P，横坐标表示伸长 Δl，可绘制出 P 与 Δl 的关系曲线，称为拉伸图。拉伸图一般可由试验机上的自动绘画装置直接绘出。

由于 Δl 与试件原长 L_0 和截面面积 S 有关，因此，即使是同一材料，试件尺寸不同时其拉伸图也不同。为了消除尺寸的影响，可将纵坐标以应力 $\sigma = \dfrac{P}{S_0}$ (S_0 为试件变形前的横截面面积)表示；横坐标以应变 $\varepsilon = \dfrac{\Delta L}{L_0}$ (L_0 为试件变形前标距长度)表示，画出的曲线称为应力-应变图(或 $\sigma\varepsilon$ 曲线)。其形状与拉伸图相似。

图 5-17 所示为低碳钢的拉伸图；图 5-18 所示为低碳钢的拉伸应力-应变图。从 $\sigma\varepsilon$ 曲线可以看出，低碳钢拉伸过程中经历了四个阶段。

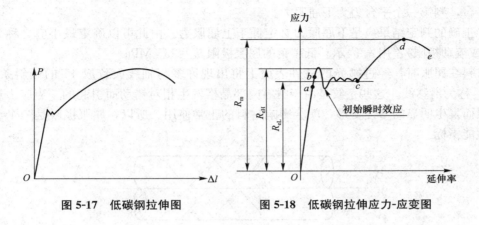

图 5-17 低碳钢拉伸图　　图 5-18 低碳钢拉伸应力-应变图

(1)弹性阶段(图 5-18 中所示的 Ob 段)。拉伸初始阶段 Oa 为一直线,表明应力与应变成正比,材料服从胡克定律。a 点对应的应力称为**比例极限**,用 σ_P 表示。Q235A 钢的比例极限约为 $\sigma_P=200$ MPa。当应力不超过 σ_P 时有 $\sigma\propto\varepsilon$ 或 $\sigma=E\varepsilon$。

$$E=\frac{\sigma}{\varepsilon}$$

直线 Oa 的斜率即材料的弹性模量(图 5-18),$\tan\alpha=\frac{\sigma}{\varepsilon}=E$。过 a 点后,图线 ab 微弯而偏离直线 Oa,这说明应力超过比例极限后,应力与应变不再保持正比关系。但只要应力不超过 b 点对应的应力值,材料的变形仍然是弹性变形,即卸载后,变形将全部消失。b 点对应的应力 σ_e 称为**弹性极限**。因此,试件的应力从零到弹性极限 σ_e 的过程中,只产生弹性变形,称为**弹性阶段**。比例极限和弹性极限虽然物理意义不同,但两者的数值非常接近,工程上不严格区分。因而,在叙述胡克定律时,通常应叙述成应力不超过材料的弹性极限时,应力与应变成正比。

(2)屈服阶段(图 5-18 中所示的 bc 段)。当应力超过 b 点,逐渐到达 c 点时,图线上将出现一段锯齿形线段 bc。此时应力基本保持不变,应变显著增加,材料暂时失去抵抗变形的能力,从而产生明显塑性变形(不能消失的变形)现象,称为屈服(或流动)。bc 段称为屈服阶段,《金属材料 拉伸试验 第 1 部分:室温试验方法》(GB/T 228.1—2010)规定:当金属材料呈现屈服现象时,在试验期间达到塑性变形发生而力不增加的应力点,应区分上屈服强度和下屈服强度。上屈服强度 R_{eH} 是指试样发生屈服而力首次下降前的最大应力(图 5-18)。下屈服强度 R_{eL} 是指金属材料在屈服期间,不计初始瞬时效应时的最小应力(图 5-18)。

值得注意的是:按照定义在曲线上判定上屈服力和下屈服力的位置点,判定下屈服力时要排除初始瞬时效应的影响。上、下屈服力判定的基本原则如下:

1)屈服前的第一个峰值力(第一个极大力)判为上屈服力,无论其后的峰值力比它大或小。

2)屈服阶段中如呈现两个或两个以上的谷值力,舍去第一个谷值力(第一个极小值力),取其余谷值力中之最小者判为下屈服力。如只呈现一个下降谷值力,此谷值力判为下屈服力。

3)屈服阶段中呈现屈服平台,平台力判为下屈服力。如呈现多个而且后者高于前者的屈服平台,判第一个平台力为下屈服力。

4)正确的判定结果应是下屈服力必定低于上屈服力。由此可以确定最小应力称为屈服极限(或流动极限),用σ_s表示。低碳钢的屈服极限$\sigma_s=235$ MPa。

材料在屈服时,经过抛光的试件表面上将出现许多与轴线大致成45°的倾斜条纹(图5-19),称为滑移线。这些条纹是由于材料内部晶格发生相对错动而引起的。当应力达到屈服极限而发生明显的塑性变形,就会影响材料的正常使用。所以,屈服极限是一个重要的力学性能指标。

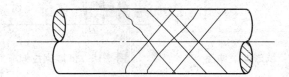

图 5-19 滑移线

(3)强化阶段(图5-18中cd段)。过屈服阶段后,材料又恢复了抵抗变形的能力,要使材料继续变形,必须加力,这种现象称为强化。$\sigma\varepsilon$曲线中,c至d点称为强化阶段。强化阶段的最高点e所对应的应力是材料所能承受的最大应力,称为抗拉强度R_m,是相应最大力F_m的应力,即$R_m=\dfrac{F_m}{S_0}$,也称为强度极限,用σ_b表示。低碳钢的强度极限$\sigma_b=400$ MPa。

工程中常利用冷作硬化来提高材料的承载能力,如冷拉钢筋、冷拔钢丝等。

(4)颈缩断裂阶段(图5-18中所示的de段)。$\sigma\varepsilon$曲线到达d点之后,试件某一横截面的尺寸急剧减小。拉力相应减小,变形急剧增加,形成颈缩现象(图5-20),直至试件被拉断。试件断裂后,弹性变形恢复,残留下塑性变形。

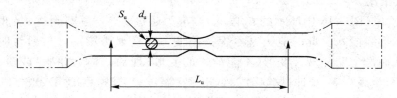

图 5-20 颈缩现象

应力-应变图上的诸特征点a、b、c、d所对应的应力值,反映不同阶段材料的变形和破坏特性。其中屈服极限σ_s表示材料出现了显著的塑性变形;而强度极限σ_b则表示材料将失去承载能力。因此,σ_s和σ_b是衡量材料强度的两个重要指标。

(5)延伸率A和截面收缩率Z。试件拉断后,一部分弹性变形消失,但塑性变形被保留下来。试件的标距由原来的L_0变为L_u,断裂处的最小横截面面积为S_u。工程上将$A=\dfrac{L_u-L_0}{L_0}\times 100\%$称为材料的**延伸率**,将$Z=\dfrac{S_0-S_u}{S_0}\times 100\%$称为**截面收缩率**。延伸率和截面收缩率是衡量材料塑性变形能力的两个指标。但在试验中测量S_u时,容易产生较大的误差,因而,钢材标准中往往只采用延伸率这个指标。

工程中，通常将 $A \geqslant 5\%$ 的材料称为**塑性材料**，如低碳钢、黄铜、铝合金等；而将 $A<5\%$ 的材料称为**脆性材料**，如铸铁、玻璃、陶瓷等。

低碳钢的延伸率 $A \approx 26\%$，截面收缩率 $Z \approx 60\%$。

2. 其他塑性材料在拉伸时的力学性质

图 5-21 表示几种塑性材料的 $\sigma\text{-}\varepsilon$ 曲线，共同特点是延伸率 Z 都比较大。图 5-21 中有些金属材料没有明显的屈服点，对于这些塑性材料，通常规定对应于应变 $\varepsilon_s = 0.2\%$ 时的应力为名义屈服极限，用 $\sigma_{0.2}$ 表示(图 5-22)。

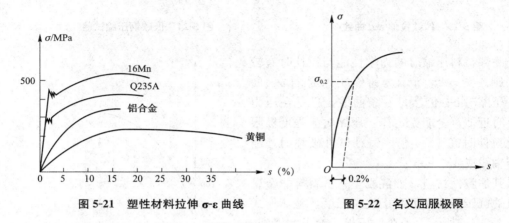

图 5-21　塑性材料拉伸 $\sigma\text{-}\varepsilon$ 曲线　　　　图 5-22　名义屈服极限

3. 铸铁在拉伸时的力学性质

图 5-23 所示为铸铁拉伸时的应力-应变图和破坏情况。铸铁作为典型的脆性材料，从受拉到断裂，变形始终很小，$\sigma\text{-}\varepsilon$ 曲线无明显的直线部分，既无比例极限和屈服点，也无颈缩现象，破坏是突然发生的，断裂面接近垂直于试件轴线的横截面。所以，其断裂时的应力就是强度极限 σ_b。铸铁的弹性模量 E，通常以产生 0.1% 的总应变所对应的 $\sigma\text{-}\varepsilon$ 曲线上的切线斜率来表示。铸铁的弹性模量 $E = 115 \sim 160$ GPa。

5.5.2　材料压缩时的力学性能

由于材料在受压时的力学性能与受拉时的力学性能不完全相同，因此除拉伸试验外，还必须要做材料的压缩试验。

金属材料(如碳钢、铸铁等)压缩试验的试件为圆柱形，高为直径的 $1.5 \sim 3.0$ 倍；非金属材料(如混凝土、石料等)，试件为立方块。

图 5-24(a) 中所示的实线为低碳钢压缩试验时的 $\sigma\text{-}\varepsilon$ 曲线。虚线为拉伸时的 $\sigma\text{-}\varepsilon$ 曲线，两条曲线的主要部分基本重合。低碳钢压缩时的比例极限 σ_p、弹性模量 E、屈服极限 σ_s 都与拉伸时相同。

当应力达到屈服极限后，试件出现显著的塑性变形。加压时，试件明显缩短，横截面增大。由于试件两端面与压头之间摩擦的影响，试件两端的横向变形受到阻碍，试件被压成鼓形[图 5-24(b)]。随着外力的增加，越压越扁，但并不破坏。由于低碳钢的力学性能指标，通过拉伸试验都可测得，因此，一般不做低碳钢的压缩试验。

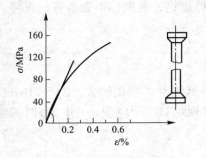

图 5-23 铸铁拉伸 $\sigma\varepsilon$ 曲线

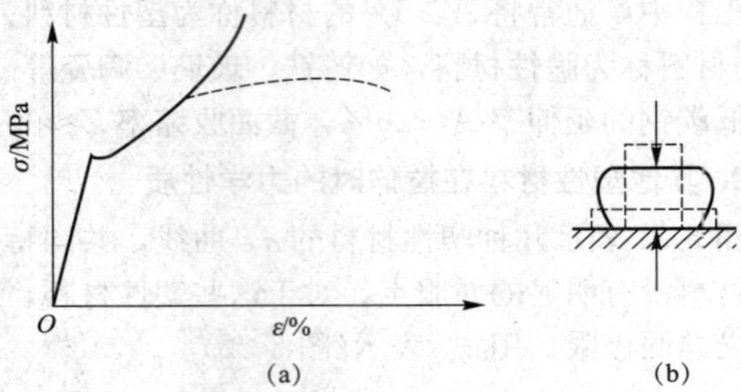

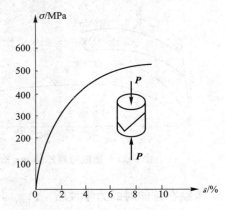

图 5-24 低碳钢压缩试验

脆性材料压缩时的力学性能与拉伸时有较大差别。图 5-25 所示为铸铁压缩时的 $\sigma\varepsilon$ 曲线。压缩时 $\sigma\varepsilon$ 仍然是一条曲线，只是在压力较小时近似符合胡克定律。压缩时的强度极限 σ_b 比拉伸时高 3~4 倍。铸铁试件破坏时，断口与轴线成 $45°\sim55°$。

其他脆性材料，如混凝土、石料等非金属材料的抗压强度也远高于抗拉强度，破坏形式如图 5-26(a)所示。若在加压板上涂上润滑油，减弱了摩擦力的影响后，破坏形式如图 5-26(b)所示。

图 5-25 铸铁压缩 $\sigma\varepsilon$ 曲线

木料的力学性能具有方向性。顺纹方向的抗拉、抗压强度比横纹方向抗拉、抗压强度高得多，而且抗拉强度高于抗压强度。图 5-27 所示为木材顺纹拉、压时的 $\sigma\varepsilon$ 图。

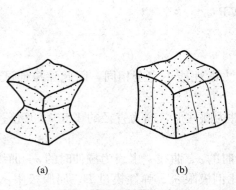

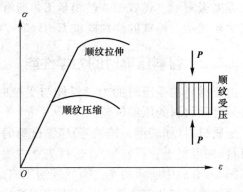

图 5-26 脆性材料受压破坏
(a)未涂润滑油；(b)涂润滑油

图 5-27 木材顺纹拉、压 $\sigma\text{-}\epsilon$ 曲线

表 5-2 列出了一些常用材料的主要力学性能。

表 5-2 部分常用材料拉伸和压缩时的力学性质(常温、静载)

材料名称	牌号	屈服点 σ_s/MPa	抗拉强度 σ_b/MPa	抗压强度 σ_{bc}/MPa	设计强度 /MPa	伸长率 δ_s/%	V形冲击功(纵向)/J
碳素结构钢*	Q215A（2号钢）	≥215（钢材厚度或直径≤16 mm）	335～410	—	—	≥31	—
	Q235A（3号钢）	≥235（钢材厚度或直径≤16 mm）	375～460	—	215(抗压、抗拉、抗弯)	≥26	≥27
优质结构钢	35号	315	529	—	—	≥20	—
	45号	360	610	—	—	≥16	—
低合金钢	16Mn	≥345（钢材厚度或直径≤16 mm）	516～660	—	315(抗压、抗拉、抗弯)	≥22	≥27
	15MnV	≥390（钢材厚度或直径在4～16 mm）	530～580	—	350(抗压、抗拉、抗弯)	≥18	≥27(20 ℃)
球墨铸铁	GT40-10	290	390	—	—	≥10	—
灰铸铁	HT15-33	—	100～280	640	—	—	—
铝合金	LY11	110～240	210～420	—	—	≥18	—
	LD9	280	420	—	—	≥13	—
铜合金	QA19-2	300	450	—	—	20～24	—
	QA19-4	200	500～600	—	—	≥40	—
混凝土	C20	—	1.6	14.2	10(轴心抗压时)	—	—
	C30	—	2.1	21	15(轴心抗压时)	—	—
松木	—	—	96(顺纹)	33	—	—	—
柞木	东北产	—	—	45～56	—	—	—
杉木	湖南产	—	77～79	36～41	—	—	—

续表

材料名称	牌号	屈服点 σ_s/MPa	抗拉强度 σ_b/MPa	抗压强度 σ_{bc}/MPa	设计强度 /MPa	伸长率 δ_s/%	V形冲击功（纵向）/J
有机玻璃	含玻璃纤维30%	—	>55	130	—	—	—
酚醛层压板	—	—	85~100	230~250（垂直于板层）；130~150（平行于板层）	—	—	—
玻璃钢（聚碳酸酯基体）	含玻璃纤维30%	—	131	145	—	—	—

注：《碳素结构钢》(GB/T 700—2006)对碳素结构钢改用屈服强度编号；Q235A 表示屈服点为 235 N/mm²，A 级（无冲击功）。

本章小结

一、强度计算问题

1. 用截面法求轴向拉压杆的内力即轴力，可归纳为三步：截取、代替、平衡。

2. 为了形象地表示轴力沿杆长的变化情况，通常用轴力图表示。

3. 单位面积上的分布内力称为应力，用公式 $\sigma = \dfrac{N}{A}$ 求轴向拉压杆横截面上的正应力。

4. 为了保证构件安全可靠地工作，轴向拉压杆要满足正应力强度条件：$\sigma_{max} = \dfrac{N_{max}}{A} \leqslant [\sigma]$，可解决工程实际中强度校核、设计截面尺寸和确定许可荷载三类问题。

二、变形计算问题

1. 胡克定律 $\Delta l = \dfrac{Nl}{EA}$ 表示了轴向拉压杆的变形与杆件的轴力、长度、弹性模量和横截面面积之间的关系。胡克定律另一种表达式 $\sigma = E\varepsilon$，表达了当应力在弹性范围内时，应力与应变成正比。

2. 公式 $v = \left| \dfrac{\varepsilon'}{\varepsilon} \right|$ 表明：在弹性范围内，横向应变 ε' 与纵向应变 ε 的比值的绝对值是一个常数。

三、材料主要力学性能问题

1. 构件发生显著变形或断裂时的最大应力为极限应力，用 σ^0 表示。

2. 保证构件安全、正常工作所允许承受的最大应力称为许用应力，用 $[\sigma]$ 表示，$[\sigma] = \dfrac{\sigma^0}{K}$，$K > 1$ 为安全系数。

3. 材料的力学性能是通过试验测定的，它是解决强度问题和刚度问题的重要依据。材料的主要力学性能指标如下：

(1)强度性能指标：材料抵抗破坏能力的指标，屈服极限 σ_s、$\sigma_{0.2}$，强度极限 σ_b。

(2)弹性变形性能指标：材料抵抗变形能力的指标，弹性模量 E、泊松比 μ。

(3)塑性变形性能指标：延伸率 A、截面收缩率 Z。

4. 分析低碳钢 Q235A 拉伸试验得到的 $\sigma\varepsilon$ 曲线，低碳钢拉伸过程中经历了弹性阶段、屈服阶段、强化阶段和颈缩断裂阶段。

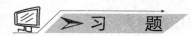

5-1 轴向拉压杆的受力和变形特点是什么？请举例说明。

5-2 轴力与杆件的横截面面积有关系吗？应力与杆件的横截面面积有关系吗？

5-3 塑性材料和脆性材料，各自的极限应力是怎么规定的？

5-4 什么是冷作硬化现象？在工程上有什么应用？

5-5 三种材料的 $\sigma\varepsilon$ 曲线如图 5-28 所示，请问哪一种材料：(1)强度高？(2)刚度大？(3)塑性好？

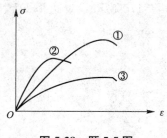

图 5-28 题 5-5 图

5-6 拉杆或压杆如图 5-29 所示，试用截面法求各杆指定截面的轴力，并画出各杆的轴力图。

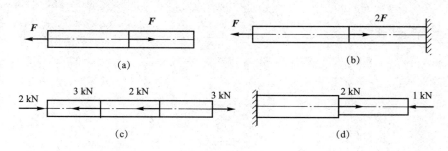

图 5-29 题 5-6 图

5-7 圆形截面阶梯状杆件如图 5-30 所示，受到 $F=150$ kN 的轴向拉力作用。已知中间部分的直径 $d_1=30$ mm，两端部分直径为 $d_2=50$ mm，整个杆件长度 $l=250$ mm，中间部分杆件长度 $l_1=150$ mm，$E=200$ GPa。试求：(1)各部分横截面上的正应力 σ；(2)整个杆件的总伸长量。

5-8 某悬臂吊车如图 5-31 所示。最大起重荷载 $G=20$ kN，杆 BC 为 Q235A 圆钢，许用应力 $[\sigma]=120$ MPa。试按图示位置设计 BC 杆的直径 d。

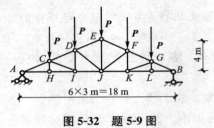

图 5-30　题 5-7 图

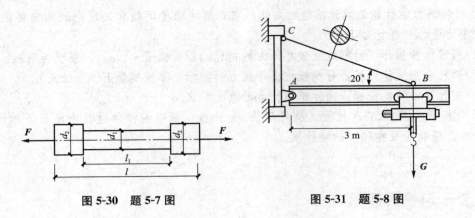

图 5-31　题 5-8 图

5-9　桁架结构如图 5-32 所示，已知集中荷载 $P=16$ kN，DI 杆为钢杆，钢的许用应力 $[\sigma]=170$ MPa，请选择 DI 杆的直径 d。

图 5-32　题 5-9 图

第 6 章 剪切与扭转

6.1 连接件的实用强度计算

6.1.1 剪切和挤压

1. 剪切的概念

剪切变形是杆件的基本变形之一，是指杆件受到一对垂直于杆轴方向的大小相
等、方向相反、作用线相距很近的外力作用所引起的变形，如图 6-1(a)所示。此时，截面 cd 相对于 ab 将发生相对错动，即剪切变形。若变形过大，杆件将在两个外力作用面之间的某一截面 $m-m$ 处被剪断，被剪断的截面称为剪切面，如图 6-1(b)所示。

视频：连接件的实用强度计算　　视频：剪切　　视频：挤压

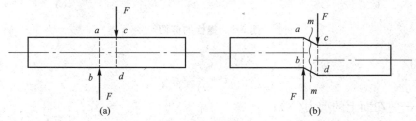

图 6-1 剪切变形
(a)受力形式；(b)破坏形式

工程中有一些连接件，如铆钉连接中的铆钉及销轴连接中的销等都是以剪切变形为主的构件。

2. 挤压的概念

构件在受剪切的同时，在两构件的接触面上，因互相压紧会产生局部受压，称为挤压。在图 6-2 所示的铆钉连接中，作用在钢板上的拉力 F，通过钢板与铆钉的接触面传递给铆钉，接触面上就产生了挤压。两构件的接触面称为挤压面，作用于接触面的压力称挤压力，挤压面上的压应力称挤压应力，当挤压力过大时，孔壁边缘将受压起"皱"[图 6-2(a)]，铆钉局部压"扁"，使圆孔变成椭圆，连接松动[图 6-2(b)]，这就是挤压破坏。因此，连接件除剪切强度需要计算外，还要进行挤压强度计算。

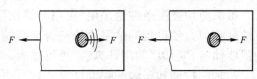

图 6-2 挤压变形
(a)受压起"皱"；(b)连接松动

6.1.2 剪切的实用计算

1. 剪力

现运用截面法来分析螺栓[图 6-3(a)]剪切面上的内力。假想沿螺栓剪切面 m—m，可将其分为上、下两段[图 6-3(b)]，任取一段为研究对象。由平衡条件可知，剪切面内必有与外力 F 大小相等、方向相反的内力存在，且内力的作用线与外力平行，沿截面作用。这个沿截面作用的内力称为剪力，常用 F_Q 表示。剪力是剪切面上分布内力的合力。

2. 剪切应力

由于剪力 F_Q 的存在，剪切面上也必然存在切应力 τ[图 6-3(c)]。切应力在剪切面上的实际分布规律比较复杂，工程上通常采用建立在试验基础上的"实用计算法"。"实用计算法"假定切应力在剪切面上是均匀分布的，由此切应力可按下式计算：

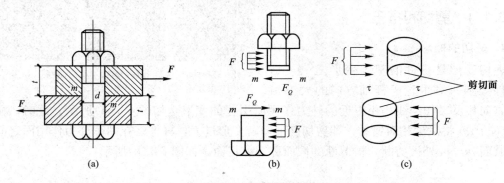

图 6-3 螺栓的剪切

$$\tau = \frac{F_Q}{A} \tag{6-1}$$

式中　F_Q——剪切面上的剪力(N)；
　　　A——剪切面面积(mm^2)；
　　　τ——剪切应力(MPa)。

3. 剪切变形的强度条件

为了保证剪切变形构件在工作时安全可靠，必须使构件的工作切应力小于或等于材料的许用切应力，即剪切的强度条件为

$$\tau = \frac{F_Q}{A} \leqslant [\tau] \tag{6-2}$$

式中，$[\tau]$ 为材料的许用切应力，其大小等于材料的剪切强度极限 τ_b 除以安全系数。安全系数则是根据实践经验并针对具体情况来确定的。

虽然剪切强度条件是采用"实用计算法"的假定计算，但在试验时试件与构件的实际承载情况相似，使得到的结果比较符合实际情况，且强度计算时根据安全系数又预留了一定的强度储备，所以"实用计算法"是可靠的，在工程上得到广泛的应用。

与轴向拉伸和压缩的强度计算一样，应用剪切强度条件也可以解决剪切变形的三类强度问题：校核强度、设计截面和确定许可荷载。

6.1.3 挤压的实用计算

挤压应力在挤压面上的分布也很复杂，如图 6-4(a)所示。因此也采用实用计算法，假定挤压应力均匀地分布在计算挤压面上，这样，平均挤压应力为

$$\sigma_c = \frac{F_c}{A_c} \tag{6-3}$$

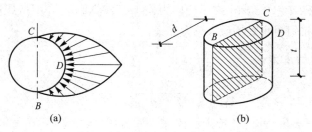

图 6-4 挤压的实用计算
(a)挤压应力分布；(b)挤压面积

式中，A_c 为挤压面的计算面积。当接触面为平面时，接触面的面积就是计算挤压面积，当接触面为半圆柱面时，取圆柱体的直径平面作为计算挤压面面积[图 6-4(b)]。这样计算所得的挤压应力和实际最大挤压应力值十分接近。由此可建立挤压强度条件：

$$\sigma_c = \frac{F_c}{A_c} \leqslant [\sigma_c] \tag{6-4}$$

式中，$[\sigma_c]$ 为材料的许用挤压应力，由试验测得。许用挤压应力$[\sigma_c]$比许用压应力$[\sigma]$高，为其 1.7～2.0 倍，因为挤压时只在局部范围内引起塑性变形，周围没有发生塑性变形的材料将会阻止变形的扩展，从而提高了抗挤压的能力。

【**例 6-1**】 矩形截面木拉杆的接头如图 6-5 所示。已知轴向拉力 $F=50$ kN，截面宽度 $b=250$ mm，木材的顺纹许用挤压应力$[\sigma_c]=10$ MPa，顺纹许用切应力$[\tau]=1$ MPa。试求接头处所需的尺寸 l 和 a。

图 6-5 例 6-1 图

解：挤压面 $A_c = ab$ $\quad \sigma_{bs} = \dfrac{F}{A_c} = \dfrac{50 \times 10^3}{a \times 250 \times 10^{-6}} \leqslant 10 \times 10^6$

故 $\quad a \geqslant \dfrac{50 \times 10^3}{250 \times 10} = 20\,(\text{mm})$

剪切面：$\quad A_s = lb$

故 $\quad \tau = \dfrac{F_s}{A_s} = \dfrac{50 \times 10^3}{l \times 250 \times 10^{-6}} \leqslant 1 \times 10^6$

故 $\quad l \geqslant \dfrac{50}{250} = 200\,(\text{mm})$

【**例 6-2**】 图 6-6 所示为螺栓连接，已知外力 $F=200$ kN，板厚度 $t=20$ mm，板与螺栓的材料相同，其许用切应力$[\tau]=80$ MPa，许用挤压应力$[\sigma_c]=200$ MPa，试设计螺栓的直径。

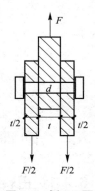

图 6-6 例 6-2 图

解：挤压面 $A_c = td$ $\sigma_c = \dfrac{F}{A_c} = \dfrac{200 \times 10^3}{d \times 0.02} \leqslant 200 \times 10^6$ 故 $d \geqslant 0.05$ m

剪切面：$A_s = 2\pi r^2 = 2\pi \left(\dfrac{d}{2}\right)^2 = \dfrac{1}{2}\pi d^2$ $\tau = \dfrac{F_s}{A_s} = \dfrac{200 \times 10^3}{\dfrac{1}{2}\pi d^2} \leqslant 80 \times 10^6$

因此，$d \geqslant 0.05$ m。

【**例题 6-3**】 图 6-7 所示为一销钉受拉力 F 作用，销钉头的直径 $D = 32$ mm，$h = 12$ mm，销钉杆的直径 $d = 20$ mm，许用切应力 $[\tau] = 120$ MPa，许用挤压应力 $[\sigma_c] = 300$ MPa，$[\sigma] = 160$ MPa。试求销钉可承受的最大拉力 $F_{\max}$。

解：拉杆头部的切应力 $\tau = \dfrac{F_c}{A_c} = \dfrac{F_s}{\pi d h}$

拉杆头部的挤压应力 $\sigma_{bs} = \dfrac{F}{A_{bs}} = \dfrac{F}{\pi(D^2 - d^2)}$

从而：$F_s = A_s \tau = \pi d h \tau = 3.14 \times 20 \times 10^{-3} \times 12 \times 10^{-3} \times 120 \times 10^6 = 90.4 \text{(kN)} \leqslant F_{\max}$

$F = \sigma_c A_c = \sigma_c \pi(D^2 - d^2) = 300 \times 10^6 \times 3.14 \times [(32 \times 10^{-3})^2 - (20 \times 10^{-3})^2]$
$= 587.8 \text{(kN)} \leqslant F_{\max}$

所以应取 $F = 90.4$ kN。

再进行强度校核：$\sigma = \dfrac{F}{A} = \dfrac{F}{\pi d^2} = \dfrac{90.4 \times 10^3}{3.14 \times (20 \times 10^{-3})^2} = 72.0 \text{(MPa)}$

【**例 6-4**】 图 6-8 所示为冲床的冲头，在力 F 的作用下冲剪钢板，设板厚 $t = 10$ mm，板材料的剪切强度极限 $\tau_b = 360$ MPa，当需冲剪一个直径 $d = 20$ mm 的圆孔，试计算所需的冲力 F。

解：剪切面 $A_s = \pi d t$

由于 $\tau_b = \dfrac{F_s}{A_s} = \dfrac{F}{\pi d t}$

因此 $F = \pi d t \tau_b = 3.14 \times 0.02 \times 0.01 \times 360 \times 10^6 = 226.1 \text{(kN)}$

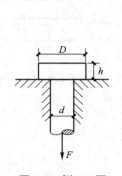

图 6-7 例 6-3 图

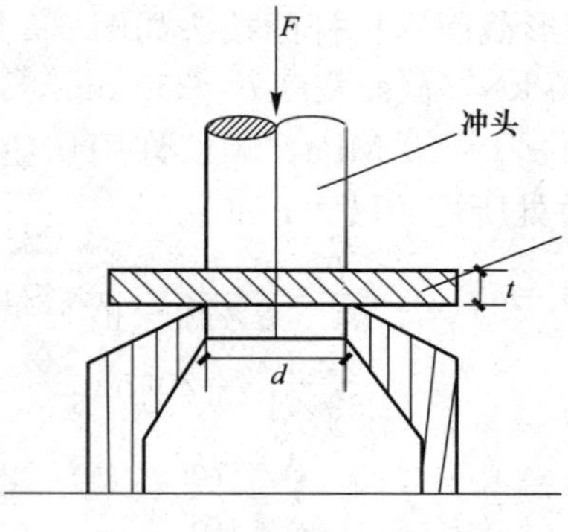

图 6-8 例 6-4 图

6.2 圆轴的扭转计算

6.2.1 扭转的概念

视频：圆轴的扭转计算 视频：扭转的概念 视频：扭转的实用计算

在垂直于杆件轴线的两个平面内，作用一对大小相等、方向相反的力偶时杆件就会产生扭转变形。在实际工程中,有很多以扭转变形为主的杆件。如图 6-9 所示,常用的螺钉旋具拧螺钉;如图 6-10 所示,用手电钻钻孔,螺钉旋具杆和钻头都是受扭的杆件。

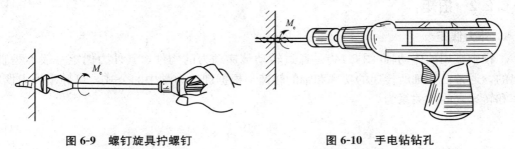

图 6-9　螺钉旋具拧螺钉　　　　　图 6-10　手电钻钻孔

如图 6-11 所示,载重汽车的传动轴也是受扭杆件。

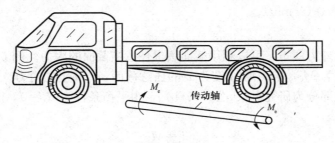

图 6-11　汽车传动轴

如图 6-12(a)所示,雨篷由雨篷梁和雨篷板组成。雨篷梁每米长度上承受由雨篷板传来的均布力矩,根据平衡条件,雨篷梁嵌固的两端必然产生大小相等、方向相反的反力矩[图 6-12(b)],雨篷梁处于受扭状态。

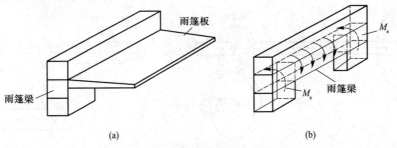

图 6-12　雨篷结构及受扭状态
(a)结构;(b)受扭状态

分析以上受扭杆件的特点,作用于垂直杆轴平面内的力偶使杆引起的变形,称为**扭转变形**。变形后杆件各横截面之间绕杆轴线相对转动了一个角度,称为**扭转角**,用 φ 表示,如图 6-13 所示。以扭转变形为主要变形的直杆称为**轴**。

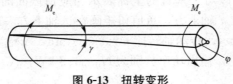

图 6-13　扭转变形

本节着重讨论圆截面杆的扭转应力和变形计算。

6.2.2 扭矩

1. 外力偶矩

工程中常用的传动轴(图 6-14)是通过转动传递动力的构件,其外力偶矩一般不是直接给出的,通常已知轴所传递的功率和轴的转速。根据理论力学中的公式,可导出外力偶矩、功率和转速之间的关系为

$$m = 9\,549 \frac{N}{n} \tag{6-5}$$

式中　m——作用在轴上的外力偶矩(N·m);

　　　N——轴传递的功率(kW);

　　　n——轴的转速(r/min)。

2. 扭矩

已知受扭圆轴外力偶矩,可以利用截面法求任意横截面的内力。图 6-15(a)所示为受扭圆轴,设外力偶矩为 M_e,求距离 A 端为 x 的任意截面 $m-n$ 上的内力。假设在 $m-n$ 截面将圆轴截开,取左部分为研究对象[图 6-15(b)],由平衡条件 $\sum M_x = 0$,得内力偶矩 T 和外力偶矩 M_e 的关系:

$$T = M_e$$

内力偶矩 T 称为**扭矩**。

扭矩的正负号规定为:**自截面的外法线向截面看,逆时针转向为正,顺时针转向为负。**

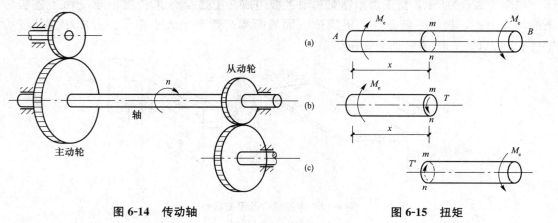

图 6-14　传动轴　　　　　　　　图 6-15　扭矩

如图 6-15(b)、(c)所示,从同一截面截出的扭矩均为正号。扭矩的单位是 N·m 或 kN·m。

3. 扭矩图

为了清楚地表示扭矩沿轴线变化的规律,以便于确定危险截面,常用与轴线平行的 x 坐标表示横截面的位置,以与之垂直的坐标表示相应横截面的扭矩,将计算结果按比例绘制在图上,正值扭矩画在 x 轴上方,负值扭矩画在 x 轴下方。这种图形称为**扭矩图**。

【例 6-5】　如图 6-16 所示,传动轴转速 $n = 300$ r/min,A 轮为主动轮,输入功率 $N_A = 10$ kW,B、C、D 为从动轮,输出功率分别为 $N_B = 4.5$ kW,$N_C = 3.5$ kW,$N_D = 2.0$ kW,试求各段扭矩。

解：(1)计算外力偶矩。

$$M_{eA} = 9\,549 \times \frac{N_A}{n} = 9\,549 \times \frac{10}{300} = 318.3(\text{N} \cdot \text{m})$$

$$M_{eB} = 9\,549 \times \frac{N_B}{n} = 9\,549 \times \frac{4.5}{300} = 143.2(\text{N} \cdot \text{m})$$

$$M_{eC} = 9\,549 \times \frac{N_C}{n} = 9\,549 \times \frac{3.5}{300} = 111.4(\text{N} \cdot \text{m})$$

$$M_{eD} = 9\,549 \times \frac{N_D}{n} = 9\,549 \times \frac{2.0}{300} = 63.7(\text{N} \cdot \text{m})$$

(2)分段计算扭矩，设各段扭矩为正，分别为

$$T_1 = M_{eB} = 143.2 \text{ N} \cdot \text{m} \quad [\text{图 6-16(c)}]$$

$$T_2 = M_{eB} - M_{eA} = 143.2 - 318.3 = -175.1(\text{N} \cdot \text{m}) \quad [\text{图 6-16(d)}]$$

$$T_3 = -M_{eD} = -63.7 \text{ N} \cdot \text{m} \quad [\text{图 6-16(e)}]$$

T_2，T_3 为负值说明实际方向与假设的方向相反。

(3)作扭矩图，如图 6-16(f)所示。

$$|T|_{max} = 175.1 \text{ N} \cdot \text{m}$$

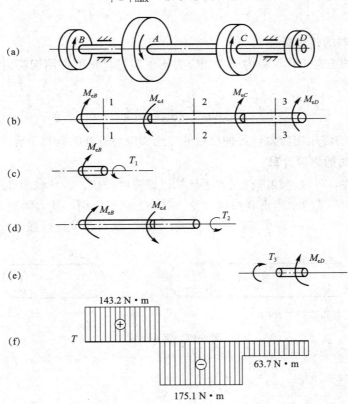

图 6-16 例 6-5 图

6.2.3 扭转强度计算

1. 最大切应力

圆轴扭转最大切应力 τ_{max} 发生在最外圆周处，即在 $\rho_{max}=\dfrac{D}{2}$ 处。于是

$$\tau_{max}=\frac{M_n\rho_{max}}{I_p}$$

令

$$W_p=\frac{I_p}{\rho_{max}}=\frac{I_p}{D/2}$$

则

$$\tau_{max}=\frac{M_n}{W_p} \tag{6-6}$$

式中，W_p 称为抗扭截面系数，其单位为 m^3 或 mm^3。

对于实心圆截面

$$W_p=\frac{I_p}{\rho_{max}}=\frac{\dfrac{\pi D^4}{32}}{\dfrac{D}{2}}=\frac{\pi D^3}{16}$$

对于空心圆截面

$$W_p=\frac{\pi D^3}{16}(1-\alpha^4)\quad(式中\ \alpha=d/D)$$

2. 圆轴扭转时的强度条件

为了保证轴的正常工作，轴内最大切应力不应超过材料的许用切应力 $[\tau]$，所以，圆轴扭转时的强度条件为

$$\tau_{max}=\frac{M_{max}}{W_n}\leqslant[\tau] \tag{6-7}$$

式中，$[\tau]$ 为材料的许用切应力，各种材料的许用切应力可查阅有关手册。

3. 圆轴扭转时的强度计算

根据强度条件，可以对轴进行三方面计算，即强度校核、设计截面和确定许用荷载。

【例 6-6】 图 6-17 所示为钢制圆轴，受一对外力偶的作用，其力偶矩 $M_e=2.5\ kN\cdot m$，已知轴的直径 $d=60\ mm$，许用切应力 $[\tau]=60\ MPa$。试对该轴进行强度校核。

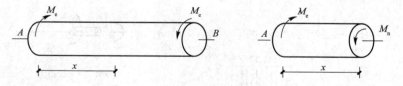

图 6-17 例 6-6 图

解：(1) 计算扭矩 M_n：

$$M_n=M_e$$

(2) 校核强度。圆轴受扭时最大切应力发生在横截面的边缘上，按式(6-6)计算，得

$$\tau_{max}=\frac{M_n}{W_P}=\frac{M_n}{\dfrac{\pi D^3}{16}}=\frac{2.5\times10^6\times16}{3.14\times60^3}=59(MPa)<[\tau]=60\ MPa$$

故圆轴满足强度要求。

6.2.4 圆轴扭转时的变形及刚度条件

1. 圆轴扭转时的变形

轴的扭转变形用两横截面的**相对扭转角**表示，$\dfrac{\mathrm{d}\varphi}{\mathrm{d}x}=\dfrac{T}{GI_\mathrm{p}}$，可求 $\mathrm{d}x$ 段的相对扭转角。

$$\mathrm{d}\varphi=\dfrac{T}{GI_\mathrm{p}}\mathrm{d}x$$

当扭矩为常数，且 GI_p 也为常量时，相距长度为 l 的两横截面相对扭转角为

$$\varphi=\int_l \mathrm{d}\varphi=\int_l \dfrac{T}{GI_\mathrm{p}}\mathrm{d}x=\dfrac{Tl}{GI_\mathrm{p}} \quad \mathrm{rad}(弧度) \tag{6-8}$$

式中，GI_p 称为圆轴**扭转刚度**，它表示轴抵抗扭转变形的能力。

相对扭转角的正负号由扭矩的正负号确定，即正扭矩产生正扭转角，负扭矩产生负扭转角。

若两横截面之间 T 有变化，或极惯性矩 I_p 变化，或材料不同（切变模量 G 变化），则应通过积分或分段计算出各段的扭转角，然后代数相加，即

$$\varphi=\sum_{i=1}^{n}\dfrac{T_i l_i}{G_i I_{\mathrm{p}i}}$$

在工程中，对于受扭转圆轴的刚度通常用相对扭转角沿杆长度的变化率 $\mathrm{d}\varphi/\mathrm{d}x$ 来度量，用 θ 表示，称为**单位长度扭转角**，即

$$\theta=\dfrac{\mathrm{d}\varphi}{\mathrm{d}x}=\dfrac{T}{GI_\mathrm{p}} \tag{6-9}$$

2. 圆轴扭转刚度条件

工程中轴类构件，除应满足强度要求外，对其扭转变形也有一定要求，例如，若汽车车轮轴的扭转角过大，汽车在高速行驶或紧急刹车时就会跑偏而造成交通事故；车床传动轴扭转角过大，会降低加工精度，对于精密机械，刚度的要求比强度更严格。式(6-10)即刚度条件：

$$\theta_{\max}\leqslant[\theta] \tag{6-10}$$

在工程中，$[\theta]$ 的单位习惯用 °/m（度/米）表示，将式(6-10)中的弧度换算为度，得

$$\theta_{\max}=\left(\dfrac{T}{GI_\mathrm{p}}\right)_{\max}\times\dfrac{180}{\pi}\leqslant[\theta]$$

对于等截面圆轴，即

$$\theta_{\max}=\dfrac{T_{\max}}{GI_\mathrm{p}}\times\dfrac{180}{\pi}\leqslant[\theta]$$

许用扭转角 $[\theta]$ 的数值，根据轴的使用精密度、生产要求和工作条件等因素确定，对一般传动轴，$[\theta]$ 为 $0.5\sim 1$ °/m，对于精密机器的轴，$[\theta]$ 常取为 $0.15\sim 0.30$ °/m。

【例 6-7】 图 6-18 所示轴的直径 $d=50$ mm，切变模量 $G=80$ GPa，试计算该轴两端面之间的扭转角。

解： 两端面之间扭转角 φ_{AD} 为

$$\varphi_{AD}=\varphi_{AB}+\varphi_{BC}+\varphi_{CD}$$

(1) 作扭矩图，如图 6-18(b)所示。

(2) 分段求扭转角。

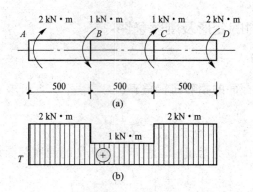

图 6-18 例 6-7 图

$$\varphi_{AD} = \frac{T_{AB}l}{GI_p} + \frac{T_{BC}l}{GI_p} + \frac{T_{CD}l}{GI_p} = \frac{l}{GI_p}(2T_{AB}+T_{BC})$$

式中，
$$I_p = \frac{\pi d^4}{32} = \frac{\pi}{32} \times 50^4 = 61.36 \times 10^4 \ (\text{mm}^4)$$

$$\varphi_{AD} = \frac{500}{80 \times 10^3 \times 61.36 \times 10^4} \times (2 \times 2 \times 10^6 + 1 \times 10^6) = 0.051(\text{rad})$$

【例 6-8】 主传动钢轴，传递功率 $P=60$ kW，转速 $n=250$ r/min，传动轴的许用切应力 $[\tau]=40$ MPa，许用单位长度扭转角 $[\theta]=0.5°/\text{m}$，切变模量 $G=80$ GPa，试计算传动轴所需的直径。

解：（1）计算轴的扭矩。

$$T = 9\,549 \times \frac{60}{250} = 2\,292 (\text{N} \cdot \text{m})$$

（2）根据强度条件求所需直径。

$$\tau = \frac{T}{W_p} = \frac{16\,T}{\pi d^3} \leqslant [\tau]$$

$$d \geqslant \sqrt[3]{\frac{16T}{\pi[\tau]}} = \sqrt[3]{\frac{16 \times 2\,292 \times 10^3}{\pi \times 40}} = 66.3(\text{mm})$$

（3）根据圆轴扭转的刚度条件，求直径。

$$\theta = \frac{T}{GI_p} \times \frac{180}{\pi} \leqslant [\theta]$$

$$d \geqslant \sqrt[4]{\frac{32T}{G\pi[\theta]}} = \sqrt[4]{\frac{32 \times 2\,292 \times 10^3}{80 \times 10^3 \times 0.5°/10^3 \times \frac{\pi}{180} \times \pi}} = 76(\text{mm})$$

故应按刚度条件确定传动轴直径，取 $d=76$ mm。

本章小结

一、基本概念

1. 连接件

工程中有许多构件往往要通过连接件连接。所谓连接是指结构或机械中用螺栓、销钉、键、铆钉和焊缝等将两个或多个部件连接而成。这些受力构件受力很复杂，要对这类构件做精确计算是十分困难的。

2. 实用计算

连接件的实用计算法，是根据连接件实际破坏情况，对其受力及应力分布做出一些假设和简化，形成名义应力公式，以此公式计算连接件各部分的名义工作应力。

另一方面，直接用同类连接件进行破坏试验，再按同样的名义应力公式，由破坏荷载确定连接件的名义极限应力，作为强度计算依据。实践证明，用这种实用计算方法设计的连接件是安全可靠的。

二、剪切的实用计算

连接件一般受到剪切作用，并伴随有挤压作用。剪切变形是杆件的基本变形之一，是指杆件受到一对垂直于杆轴的大小相等、方向相反、作用线相距很近的力作用后所引起的变形。连接件被剪切的面称为剪切面。剪切的名义切应力公式为 $\tau=\dfrac{Q}{A}$，式中 Q 为剪力，A 为剪切面面积，剪切强度条件为

$$\tau=\frac{Q}{A}\leqslant[\tau]$$

三、挤压的实用计算

连接件中产生挤压变形的表面称为挤压面。名义挤压应力公式为 $\sigma_c=\dfrac{F_c}{A_c}$，式中 F_c 为挤压力，A_c 为挤压面面积。当挤压面为平面接触时（如平键），挤压面积等于实际承压面积；当接触面为柱面时，挤压面积为实际面积在其直径平面上投影。

挤压强度条件为

$$\sigma_c=\frac{F_c}{A_c}\leqslant[\sigma_c]$$

四、圆轴的扭转计算

1. 扭转的概念

在垂直于杆件轴线的两个平面内，作用一对大小相等、方向相反的力偶时杆件就会产生扭转变形。

2. 扭矩

已知受扭圆轴外力偶矩，可以利用截面法求任意横截面的内力，内力偶矩 T 称为**扭矩**。扭矩的正负号规定为：自截面的外法线向截面看，逆时针转向为正，顺时针转向为负。

3. 扭矩图

为了清楚地表示扭矩沿轴线变化的规律，以便于确定危险截面，常用与轴线平行的 x 坐标表示横截面的位置，以与之垂直的坐标表示相应横截面的扭矩，把计算结果按比例绘在图上，正值扭矩画在 x 轴上方，负值扭矩画在 x 轴下方。这种图形称为扭矩图。

4. 扭转强度计算

(1) 最大切应力。圆轴扭转最大切应力 τ_{max} 发生在最外圆周处，即在 $\rho_{max}=\dfrac{D}{2}$ 处。于是

$$\tau_{max}=\frac{M_n\rho_{max}}{I_p}$$

(2) 圆轴扭转时的强度条件。为了保证轴的正常工作，轴内最大切应力不应超过材料的

许用切应力$[\tau]$,所以圆轴扭转时的强度条件为

$$\tau_{\max}=\frac{M_{\max}}{W_n}\leqslant[\tau]$$

式中,$[\tau]$为材料的许用切应力,各种材料的许用切应力可查阅有关手册。

(3)圆轴扭转时的强度计算。

5. 圆轴扭转时的变形及刚度条件

(1)圆轴扭转时的变形。轴的扭转变形用两横截面的相对扭转角表示,$\dfrac{d\varphi}{dx}=\dfrac{T}{GI_p}$,可求$dx$段的相对扭转角。

$$d\varphi=\frac{T}{GI_p}dx$$

当扭矩为常数,且GI_p也为常量时,相距长度为l的两横截面相对扭转角为

$$\varphi=\int_l d\varphi=\int_l \frac{T}{GI_p}dx=\frac{Tl}{GI_p} \quad \text{rad(弧度)}$$

相对扭转角的正负号由扭矩的正负号确定,即正扭矩产生正扭转角,负扭矩产生负扭转角。

在工程中,对于受扭转圆轴的刚度通常用相对扭转角沿杆长度的变化率$d\varphi/dx$来度量,用θ表示,称为单位长度扭转角。即

$$\theta=\frac{d\varphi}{dx}=\frac{T}{GI_p}$$

(2)圆轴扭转刚度条件。工程中轴类构件除应满足强度要求外,对其扭转变形也有一定要求,下式即刚度条件:

$$\theta_{\max}\leqslant[\theta]$$

在工程中,$[\theta]$的单位习惯用°/m(度/米)表示,将上式中的弧度换算为度,得

$$\theta_{\max}=\left(\frac{T}{GI_p}\right)_{\max}\times\frac{180}{\pi}\leqslant[\theta]$$

对于等截面圆轴,即

$$\theta_{\max}=\frac{T_{\max}}{GI_p}\times\frac{180}{\pi}\leqslant[\theta]$$

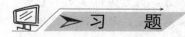

习 题

6-1 如图6-19所示,两块钢板由一个螺栓连接。已知:螺栓直径$d=24$ mm,每块板的厚度$\delta=12$ mm,拉力$F=27$ kN,螺栓许用切应力$[\tau]=60$ MPa,许用挤压应力$[\sigma_c]=120$ MPa。试对螺栓做强度校核。

6-2 如图6-20所示,一螺钉受拉力F作用,螺钉头的直径$D=32$ mm,$h=12$ mm,螺钉杆的直径$d=20$ mm,许用切应力$[\tau]=120$ MPa,许用挤压应力$[\sigma_c]=300$ MPa,许用应力$[\sigma]=160$ MPa。试求螺钉可承受的最大拉力$F_{\max}$。

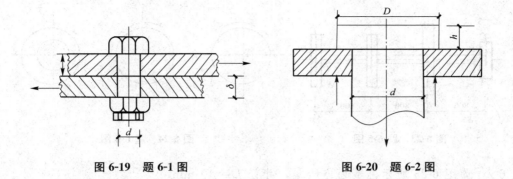

图 6-19 题 6-1 图　　　　　　　图 6-20 题 6-2 图

6-3 如图 6-21 所示，铆接头受拉力 $F=24$ kN 作用，上下钢板尺寸相同，厚度 $t=10$ mm，宽 $b=100$ mm，许用应力 $[\sigma]=170$ MPa，铆钉的许用切应力 $[\tau]=140$ MPa，许用挤压应力 $[\sigma_c]=320$ MPa，试校核该铆接头强度。

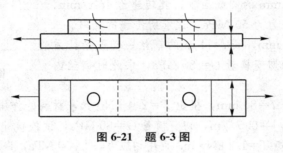

图 6-21 题 6-3 图

6-4 试作图 6-22 中各轴的扭矩图。

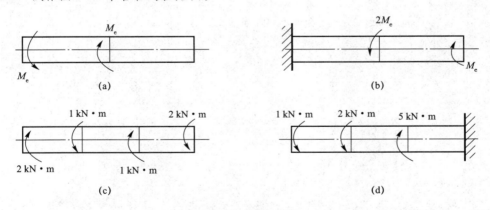

图 6-22 题 6-4 图

6-5 如图 6-23 所示，传动轴转速 $n=300$ r/min，A 轮为主动轮，输入功率 $P_A=50$ kW，B、C、D 为从动轮，输出功率分别为 $P_B=10$ kW，$P_C=P_D=20$ kW。要求(1)试作轴的扭矩图；(2)如果将轮 A 和轮 C 的位置对调，试分析对轴受力是否有利。

6-6 如图 6-24 所示，T 为圆轴横截面上的扭矩，试画出截面上与 T 对应的切应力分布图。

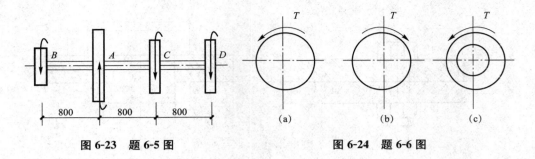

图 6-23 题 6-5 图　　　　图 6-24 题 6-6 图

6-7 如图 6-25 所示圆截面空心轴，外径 $D=40$ mm，内径 $d=20$ mm，扭矩 $T=1$ kN·m，试计算 $\rho=15$ mm 的 A 点处的扭转切应力 τ_A 以及横截面上的最大和最小的扭转切应力。

6-8 一直径为 90 mm 的圆截面轴，其转速为 45 r/min，设横截面上的最大切应力为 50 MPa，试求所传递的功率。

6-9 将直径 $d=2$ mm，长 $l=4$ m 的钢丝一端嵌紧，另一端扭转一整圈，已知切变模量 $G=80$ GPa，求此时钢丝内的最大切应力 τ_{max}。

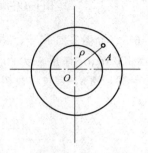

图 6-25 题 6-7 图

6-10 某钢轴直径 $d=80$ mm，扭矩 $T=2.4$ kN·m，材料的许用切应力 $[\tau]=45$ MPa，单位长度许用扭转角 $[\theta]=0.5$ °/m，切变模量 $G=80$ GPa，试校核此轴的强度和刚度。

6-11 一钢轴受扭矩 $T=1.2$ kN·m，许用切应力 $[\tau]=50$ MPa，许用扭转角 $[\theta]=0.5$ °/m，切变模量 $G=80$ GPa，试选择轴的直径。

第7章 弯曲

7.1 平面弯曲的概念及梁的计算简图

受弯杆件是工程实际中最常见的一种变形杆,通常把以弯曲为主的杆件称为梁。弯曲变形是工程中最常见的一种基本变形。例如房屋建筑中的楼面梁,受到楼面荷载和梁自重的作用,将发生弯曲变形[图 7-1(a)],阳台挑梁[图 7-1(b)]等,都是以弯曲变形为主的构件。

视频:平面弯曲的概念及梁的计算简图

视频:梁的内力的概念

视频:梁的内力计算

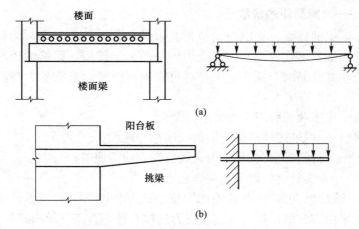

图 7-1 工程实物中的受弯杆
(a)楼面梁及其受力简图;(b)阳台挑梁及其受力简图

7.1.1 平面弯曲的概念

1. 梁的受力与变形特点

综合上述杆件受力可以看出,当杆件受到垂直于其轴线的外力即横向力或受到位于轴线平面内的外力偶作用时,杆的轴线将由直线变为曲线,这种变形形式称为弯曲。在工程实际中受弯杆件的弯曲变形较为复杂,其中最简单的弯曲为平面弯曲。

2. 平面弯曲的概念

工程中,常见梁的横截面往往至少有一根纵向对称轴,该对称轴与梁轴线组成全梁的纵向对称面(图 7-2),当梁上所有外力(包括荷载和反力)均作用在此纵向对称面内时,梁轴线变形后的曲线也在此纵向对称面内,这种弯曲称为平面弯曲。它是工程中最常见也是最基本的弯曲问题。

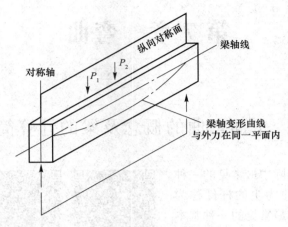

图 7-2 梁的平面弯曲

7.1.2 梁的计算简图

1. 梁的简化——计算简图的选取

在实际工程中,梁的截面、支座与荷载形式多种多样,较为复杂。为计算方便,必须对实际梁进行简化,抽象出代表梁几何与受力特征的力学模型,即梁的计算简图。选取梁的计算简图时,应注意遵循两个原则:一是尽可能地反映梁的真实受力情况;二是尽可能使力学计算简便。

一般从梁本身、支座及荷载三个方面进行简化:

(1)梁本身简化——以轴线代替梁,梁的长度称为跨度;

(2)荷载简化——将荷载简化为集中力、线分布力或力偶等;

(3)支座简化——主要简化为以下三种典型支座:

1)活动铰支座(或辊轴支座),其构造图及支座简图如图 7-3(a)所示。这种支座只限制梁在沿垂直于支承平面方向的位移,其支座反力过铰心且垂直于支承面,用 Y_A 表示。

2)固定铰支座,其构造与支座简图如图 7-3(b)所示。这种支座限制梁在支承处沿任何方向的线位移,但不限制角位移,其支座反力为通过铰心且互相垂直的分力,用 X_A、Y_A 表示。

3)固定端支座,其构造与支座简图如图 7-3(c)所示。这种支座限制梁端的线位移(移动)及角位移(转动),其支座反力可用三个分量 X_A、Y_A 及 m_A 来表示。

图 7-1 所示几种工程实际中梁的计算简图就是采用上述简化方法得出来的。

2. 梁的基本形式

根据梁的支座形式和支承位置不同,简单形式的梁有以下三种形式:

(1)简支梁。梁的支座为一端固定铰,一端活动铰[图 7-4(a)]。

(2)外伸梁。简支梁两端或一端伸出支座之外[图 7-4(b)、(c)]。

(3)悬臂梁。梁的支座为一端固定,一端自由[图 7-4(d)]。

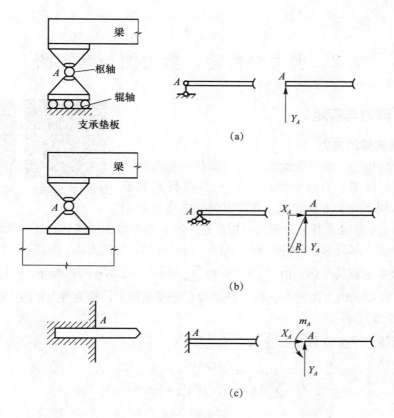

图 7-3 三种典型支座
(a)活动铰支座；(b)固定铰支座；(c)固定端支座

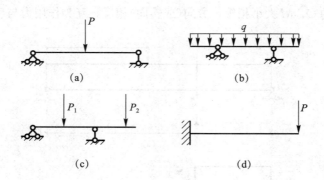

图 7-4 梁的类型
(a)简支梁；(b)两端外伸梁；(c)一端外伸梁；(d)悬臂梁

这三种梁的共同特点是支座反力仅有三个，可由静力平衡条件全部求得，故也称为静定梁。

7.2 剪力与弯矩、剪力图与弯矩图

7.2.1 剪力与弯矩

1. 截面法求梁的内力

视频：剪力和弯矩　　视频：弯矩图和剪力图

为进行梁的设计，需求梁的内力。求梁任一截面内力仍采用截面法，以图 7-5(a) 为例，梁在外力（荷载 P 和反力 Y_A、Y_B）作用下处于平衡状态。在需求梁的内力 x 处用一假想截面 $m-n$ 将梁截开分为两段，取任意一段，如左段为脱离体。由于梁原来处于平衡状态，取出的任一部分也应保持平衡。从图 7-5(b) 可知，左脱离体 A 端原作用有一向上的支座反力 Y_A，要使它保持平衡，由 $\sum Y=0$ 和 $\sum M=0$，在切开的截面 $m-n$ 上必然存在两个内力分量：内力 Q 和内力偶矩 M。内力分量 Q 位于横截面上，称为剪力；内力偶矩 M 位于纵向对称平面内，称为弯矩。

对左脱离体列平衡方程：由 $\sum Y=0$，有 $Y_A-Q=0$

则得
$$Q=Y_A$$

由
$$\sum M_c=0，有 Y_A \cdot x-M=0$$

则得
$$M=Y_A \cdot x$$

需要注意的是，此处是对截面形心 C 取矩，因剪力 Q 通过截面形心 C 点，故在力矩方程中为零。同样可取右脱离体[图 7-5(c)]，由平衡方程求出梁截面 $m-n$ 上的内力 Q 和 M，其结果与左脱离体求得的 Q、M 大小相等，方向（或转向）相反，互为作用力与反作用力关系。

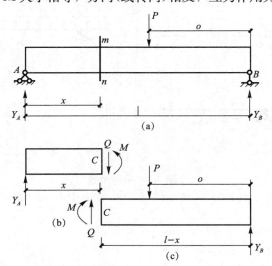

图 7-5　用截面法求梁的内力
(a)梁；(b)左脱离体；(c)右脱离体

为使梁同一截面内力符号一致，必须联系到变形状态规定它们的正负号。若从梁 $m-n$ 处取一微段梁 dx，由于剪力 Q 作用会使微段发生下错动的剪切变形，故规定：使微段梁发生左端向上而右端向下相对错动的剪力 Q 为正[图 7-6(a)]，反之为负[图 7-6(b)]；使微段梁弯曲为向下凸时的弯矩 M 为正[图 7-6(c)]，反之为负[图 7-6(d)]。

根据以上符号规定，图 7-5 中 $m-n$ 截面内力符号均为正。

下面举例说明怎样用截面法求梁任一截面的内力。

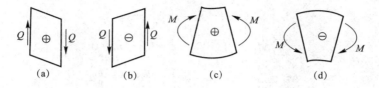

图 7-6　剪力、弯矩的正负号规定之一
(a)剪力为正；(b)剪力为负；(c)弯矩为正；(d)弯矩为负

【**例 7-1**】　外伸梁如图 7-7(a)所示，已知均布荷载 q 和集中力偶 $m=qa^2$，求指定 1—1、2—2、3—3 截面内力。

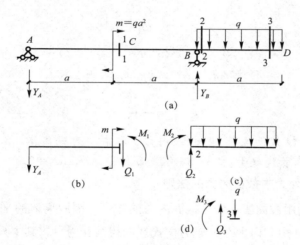

图 7-7　例 7-1 图

解：(1)求支座反力。

设支座反力 Y_A、Y_B 如图 7-7 所示。

由平衡方程　　　　$\sum M_A = 0$　　$Y_B \times 2a - m - qa \times \dfrac{5}{2}a = 0$

得　　　　　　　　　　　　　　$Y_B = \dfrac{7}{4}qa$

由　　　　　　　　　$\sum Y = 0$　　$-Y_A + Y_B - qa = 0$

得　　　　　　　　　　　　　　$Y_A = \dfrac{3}{4}qa$

由 $\sum M_B = 0$ 校核支座反力

$$Y_A \times 2a - m - qa \times \frac{a}{2} = \frac{3}{4}qa \times 2a - qa^2 - \frac{qa^2}{2} = 0$$

所求反力无误。

(2) 求 1—1 截面内力。由 1—1 截面将梁分为两段，取左段梁为脱离体，并假设截面剪力 Q_1 和弯矩 M_1 均为正，如图 7-7(b)所示。

由 $\sum Y = 0 \quad -Y_A - Q_1 = 0$

得 $Q_1 = -Y_A = -\frac{3}{4}qa$

由 $\sum M_1 = 0 \quad Y_A \times a + M_1 - m = 0$

得 $M_1 = m - Y_A \times a = qa^2 - \frac{3}{4}qa^2 = \frac{q}{4}a^2$

求得的 Q_1 结果为负值，说明剪力实际方向与假设相反，且为负剪力；M_1 结果为正值，说明弯矩实际转向与假设相同，且为正弯矩。

(3) 求 2—2 截面（B 截面右侧一点）内力。

由 2—2 截面将梁分为两段，取右段梁为脱离体，截面上剪力 Q_2 和弯矩 M_2 均设为正，如图 7-7(c)所示。

由 $\sum Y = 0 \quad Q_2 - qa = 0$

得 $Q_2 = qa$

由 $\sum M_2 = 0 \quad -M_2 - qa \times \frac{a}{2} = 0$

得 $M_2 = -\frac{qa^2}{2}$

(4) 求 3—3 截面（D 截面左侧边一点）内力。取右端为脱离体，3—3 截面无限靠近 D 点，线分布力 q 的分布长度趋于 0，则 3—3 截面上 $Q_3 = 0$，$M_3 = 0$。

2. 截面法直接由外力求截面内力的法则

【例 7-1】说明了运用截面法求任一截面内力的方法。因脱离体的平衡条件 $\sum Y = 0$ 的含义：脱离体上所有外力和内力在 Y 轴方向投影的代数和为零。其中只有剪力 Q 为未知量，移到方程式右边即得直接由外力求任一截面剪力的法则。

(1) 某截面的剪力等于该截面一侧所有外力在截面上投影的代数和，即

$$Q = \sum Y_{左侧外力}（或 \sum Y_{右侧外力}） \tag{7-1}$$

代数和中的符号为截面左侧向上的外力（或右侧向下的外力）使截面产生正的剪力；反之产生负剪力，如图 7-8(a)所示，截面上的剪力为正。

同样，脱离体平衡条件 $\sum M_c = 0$ 的含义：脱离体上所有外力和内力对截面形心取力矩的代数和为零。其中只有弯矩 M 为未知量，移到方程右边即得直接由外力求任一截面弯矩的法则：

(2) 某截面的弯矩等于该截面一侧所有外力对截面形心力矩的代数和，即

$$M = \sum M_{c左侧外力}（或 \sum M_{c右侧外力}） \tag{7-2}$$

代数和中的符号为截面的左边绕截面顺时针转的力矩或力偶矩（或右边绕截面逆时针转的力矩或力偶矩）使截面产生正的弯矩；反之产生负弯矩。如图 7-8(b)所示，截面上的弯矩为正。

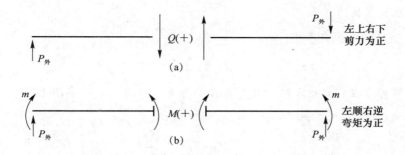

图 7-8 剪力、弯矩的正负号规定

这样，运用上述两法则计算截面内力就不必取脱离体，可用式(7-1)和式(7-2)直接由截面左侧(或右侧)外力计算任一截面剪力和弯矩。此两法则是由截面法推出的，但比截面法用起来更方便快捷，对于求梁的内力极为有用，必须熟练掌握。读者可用此方法验证【例 7-1】的结果是否正确。

7.2.2 剪力图与弯矩图

一般情况下，梁截面上的内力(剪力和弯矩)随截面位置 x 的不同而变化，故横截面的剪力和弯矩都可表示为截面位置 x 的函数，即

$$Q=Q(x), \quad M=M(x)$$

通常将它们分别叫作剪力方程和弯矩方程。在写这些方程时，一般是以梁左端为 x 坐标原点，但为计算方便，有时也可将原点取在梁右端或梁上任意点。

由剪力方程和弯矩方程可以了解剪力和弯矩沿全梁各截面上的变化情况，从而找出最大内力截面，即危险截面作为将来设计的依据。为了形象地表示剪力、弯矩沿梁长的变化情况，可根据剪力方程和弯矩方程分别绘制剪力图和弯矩图。

根据剪力方程和弯矩方程作剪力图和弯矩图的方法与前面轴力图及扭矩图作法类似，即以梁横截面沿轴线的位置为横坐标 x，以横截面上的剪力或弯矩为纵坐标，按照适当的比例绘制出 $Q=Q(x)$ 或 $M=M(x)$ 的曲线。绘制剪力图时，一般规定正号剪力画在 x 轴上侧，负号剪力画在 x 轴下侧，并注上正负号；绘制弯矩图时则规定正弯矩绘制在 x 轴的下侧，负弯矩绘制在 x 轴的上侧，这也就是将弯矩图绘制在梁受拉的一侧，以便钢筋混凝土梁根据弯矩图配置钢筋。弯矩图可以不注正负号。

由剪力图和弯矩图可直观确定梁剪力、弯矩的最大值及其所在截面位置。

【例 7-2】 作图 7-9(a)所示简支梁受均布荷载的剪力图和弯矩图。

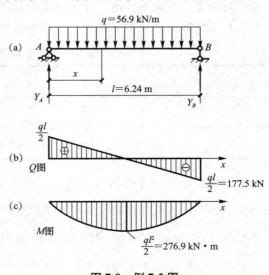

图 7-9 例 7-2 图

解：(1)求支座反力。

由 $\sum Y = 0$ 和对称条件知

$$Y_A = Y_B = \frac{ql}{2}$$

(2)列出剪力方程和弯矩方程：以左端 A 为原点，并将 x 表示在图上。

$$Q(x) = Y_A - qx = \frac{ql}{2} - qx \quad (0 < x < l) \tag{a}$$

$$M(x) = Y_A x - qa \times \frac{x}{2} = \frac{ql}{2}x - \frac{qx^2}{2} \quad (0 \leqslant x \leqslant l) \tag{b}$$

注意，由于反力 $Y_A = ql/2$ 的指向是朝上的，它将使梁的任一截面上产生正号的剪力和弯矩，因此在式(a)和式(b)中它们的符号均为正；由于均布荷载 q 的指向是朝下的，它将使左段梁的任一截面上产生负号的剪力和弯矩，分布力 q 的合力为分布力图的面积 qx，且作用在分布力图的形心 $\frac{x}{2}$ 处，而分布力对截面形心的力矩的大小为其合力乘以合力到截面形心的距离即 $qx \cdot \frac{x}{2}$，因此，在式(a)中的 qx 项和式(b)中的 $\frac{qx^2}{2}$ 项都带负号。

(3)作剪力图和弯矩图。从式(a)中可知，$Q(x)$ 是 x 的一次函数，说明剪力图是一条直线。故以 $x=0$ 和 $x=l$ 分别代入，就可得到梁的左端和右端截面上的剪力分别为

$$Q_{A(x\to 0)} = Y_A = \frac{ql}{2}$$

$$Q_{B(x\to l)} = \frac{ql}{2} - ql = -\frac{ql}{2} = -Y_B$$

由这两个控制数值可画出一条直线，即梁的剪力图，如图 7-9(b)所示。

从式(b)可知弯矩方程是 x 的二次式，说明弯矩图是一条二次抛物线，至少需由三个控制点确定。故以 $x=0$，$x=l/2$，$x=l$ 分别代入式(b)得

$$M_{x=0} = 0, \quad M_{x=\frac{l}{2}} = \frac{ql^2}{8}, \quad M_{x=l} = 0$$

有了这三个控制数值，就可绘制出式(b)表示的抛物线，即弯矩图，如图 7-9(c)所示。

对于初学者，为便于作图，可先将上面求得的各控制点的 Q、M 值排列见表 7-1，然后根据表中数据及剪力方程和弯矩方程所示曲线的性质作出剪力图和弯矩图。

表 7-1　例 7-2 各控制点 Q、M 值

x	0	$\frac{l}{2}$	l
$Q(x)$	$\frac{ql}{2}$	0	$-\frac{ql}{2}$
$M(x)$	0	$\frac{ql^2}{8}$	0

由作出的剪力图和弯矩图可以看出，最大剪力发生在梁的两端，并且其绝对值相等，数值为 $Q_{\max} = \frac{ql}{2}$；最大弯矩发生在跨中点处($Q=0$)，$M_{\max} = ql^2/8$。

将已知的 $q = 56.9$ kN/m 和 $l = 6.24$ m 分别代入可得

$$Q_{\max} = \frac{ql}{2} = \frac{56.9 \times 6.24}{2} = 177.5 \text{(kN)}$$

$$M_{max} = \frac{ql^2}{8} = \frac{56.9 \times 6.24^2}{8} = 276.9 (\text{kN} \cdot \text{m})$$

【例 7-3】 作如图 7-10(a)所示简支梁受集中力 P 作用的剪力图及弯矩图。

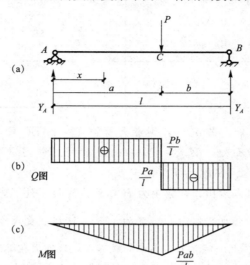

图 7-10 例 7-3 图

解：(1)求支座反力。

由 $\sum M_B = 0$ 求得 $Y_A = \frac{Pb}{l}$

由 $\sum M_A = 0$ 求得 $Y_B = \frac{Pa}{l}$

(2)分段列剪力方程和弯矩方程。由于 C 处作用有集中力 P，AC 和 CB 两段梁的剪力方程和弯矩方程并不相同。因此，必须分别列出各段的剪力方程和弯矩方程：

AC 段： $Q(x) = Y_A = \frac{Pb}{l} \quad (0 < x < a)$ (a)

$M(x) = Y_A x = \frac{Pb}{l} x \quad (0 \leqslant x \leqslant a)$ (b)

CB 段： $Q(x) = Y_A - P = \frac{Pb}{l} - P = -P\frac{l-b}{l}$

$= -\frac{Pa}{l} \quad (a < x < l)$ (a′)

$M(x) = Y_A x - P(x-a) = \frac{Pb}{l} x - P(x-a)$

$= Pa - \frac{Pa}{l} x \quad (a \leqslant x \leqslant l)$ (b′)

(3)根据 Q、M 方程作剪力图和弯矩图。

由式(a)、式(a′)知，两段梁的剪力均为常数，故剪力图为平行于 x 轴的水平线；由式(b)、式(b′)知，两段梁弯矩为 x 的一次函数，故弯矩图图形为斜直线。计算各控制点处的剪力和弯矩见表 7-2。并作出剪力图和弯矩图，如图 7-10(b)、(c)所示。

表 7-2 例 7-5 各控制点 Q、M 值

x	0	a		l
		左侧	右侧	
$Q(x)$	$\dfrac{Pb}{l}$	$\dfrac{Pb}{l}$	$-\dfrac{Pb}{l}$	$-\dfrac{Pb}{l}$
$M(x)$	0	$\dfrac{Pab}{l}$		0

由图 7-10(b)、(c)可知，若 $a>b$，则最大剪力发生在 BC 段，即 $|Q|_{\max}=Pa/l$，而最大弯矩发生在力 P 作用截面处，$M_{\max}=Pab/l$；若 $a=b$，即当梁中点受集中力作用时，最大弯矩发生在梁中点截面上，$M_{\max}=Pl/4$。

由图 7-10(b)、(c)还可以看出，在集中力 P 作用的截面 C 处，弯矩图的斜率发生突变，形成尖角；同时剪力图上的数值也突然由 $+\dfrac{Pb}{l}$ 变为 $-\dfrac{Pa}{l}$。这种突变现象的发生是由于我们假设集中力 P 是作用在梁的一"点"上。实际上，集中荷载不可能只作用在梁的一"点"上，而是作用在梁的一段微小的长度上，而剪力、弯矩在这段微小的梁段上还是逐渐地连续变化的。图 7-11 表示出梁在这种荷载作用下的剪力图和弯矩图的实际情况：剪力图是连续变化的[图 7-11(b)]，而弯矩图是一段光滑曲线[图 7-11(c)]。由于设计时需求的是最大剪力和弯矩，将这种微小长度上实际分布荷载简化为作用于一点的集中力会给内力计算带来方便，并且引起的误差很小。同时可知，由于集中力处剪力突变，故剪力方程[式(a)]中 x 的变化为开区间(即 $0<x<a$)。而弯矩在该处不变，故弯矩方程[式(b)]中的 x 变化为闭区间($0\leqslant x\leqslant a$)。

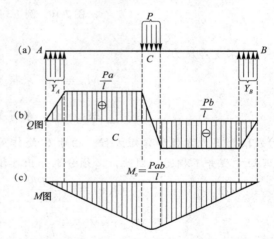

图 7-11 在集中力作用下剪力图与弯矩图的实际形状

【例 7-4】 如图 7-12(a)所示，简支梁在 C 截面上受集中力偶 m 作用。试作梁的剪力图和弯矩图。

解：(1)求支座反力。假设反力 Y_A、Y_B 方向如图 7-12(a)所示。

由 $\qquad\sum M_B=0 \quad Y_A l-m=0$

得 $\qquad Y_A=\dfrac{m}{l}$

由 $\qquad\sum M_A=0 \quad -m-Y_B l=0$

得 $\qquad Y_B=-\dfrac{m}{l}$

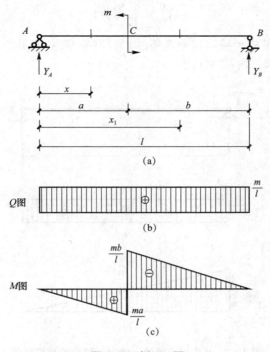

图 7-12 例 7-4 图

求得的支座反力 Y_B 带有负号,说明它的实际方向与图中假设方向相反,由此可知 Y_A 与 Y_B 组成一个力偶与外力偶 m 平衡。

(2)分别列剪力方程和弯矩方程。以梁左端 A 为坐标原点。由于全梁只有集中力偶 m 作用,故只有一个剪力方程:

$$Q(x)=\frac{m}{l} \qquad (0<x<l) \tag{a}$$

弯矩方程则应分为两段:

AC 段 $$M(x)=Y_A x=\frac{m}{l}x \qquad (0\leqslant x<a) \tag{b}$$

CB 段 $$M(x)=Y_A x_1-m=\frac{m}{l}x_1-m \qquad (a<x_1\leqslant l) \tag{b'}$$

(3)根据剪力方程和弯矩方程作剪力图和弯矩图。计算各控制点处 $Q(x)$ 和 $M(x)$ 的值,见表 7-3,并作剪力图和弯矩图,如图 7-12(b)、(c)所示。

表 7-3　例 7-4 各控制点 Q、M 值

x	0	a		l
$Q(x)$	$\dfrac{m}{l}$	$\dfrac{m}{l}$		$\dfrac{m}{l}$
$M(x)$	0	左侧 $\dfrac{ma}{l}$	右侧 $-\dfrac{mb}{l}$	0

由图 7-12(c)可见,当 $b>a$ 时,在集中力偶 m 作用处的右侧横截面上的弯矩为最大。

$$M_{\max}=\left|-\frac{mb}{l}\right|$$

当集中力偶作用在梁的一端,例如左端[图 7-13(a)]时,其剪力图无变化[图 7-13(b)],但弯矩图将变为倾斜直线[图 7-13(c)]。

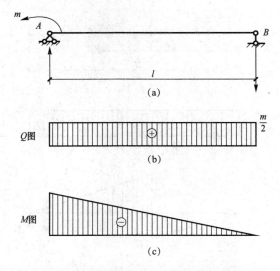

图 7-13 m 作用在梁的一端时的剪力图和弯矩图

由此例可以看出,在集中力偶作用处剪力图不变,而弯矩图发生突变。

7.2.3 微分关系法绘制剪力图和弯矩图

1. 荷载集度、剪力和弯矩之间的微分关系

上一节从直观上总结出剪力图和弯矩图的一些规律和特点。现进一步讨论剪力图、弯矩图与荷载集度之间的关系。

如图 7-14(a)所示,梁上作用有任意的分布荷载 $q(x)$,设 $q(x)$ 以向上为正。取 A 为坐标原点,x 轴以向右为正。现取分布荷载作用下的一微段 dx 来研究[图 7-14(b)]。

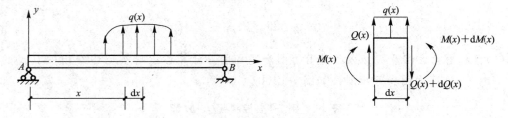

图 7-14 荷载与内力的微分关系

由于微段的长度 dx 非常小,因此,在微段上作用的分布荷载 $q(x)$ 可以认为是均布的。微段左侧横截面上的剪力为 $Q(x)$、弯矩为 $M(x)$;微段右侧横截面上的剪力为 $Q(x)+dQ(x)$、弯矩为 $M(x)+dM(x)$,并设它们都为正值。考虑微段的平衡,由

$$\sum Y=0 \quad Q(x)+q(x)dx-[Q(x)+dQ(x)]=0$$

得
$$\frac{dQ(x)}{dx}=q(x) \tag{7-3}$$

结论一：梁上任意一横截面上的剪力对 x 的一阶导数等于作用在该截面处的分布荷载集度。这一微分关系的几何意义是，剪力图上某点切线的斜率等于相应截面处的分布荷载集度。

再由 $\sum M_C=0 \quad -M(x)-Q(x)dx-q(x)dx\frac{dx}{2}+[M(x)+dM(x)]=0$

上式中，C 点为右侧横截面的形心，经过整理，并略去二阶微量 $q(x)\frac{dx^2}{2}$ 后，得

$$\frac{dM(x)}{dx}=Q(x) \tag{7-4}$$

结论二：梁上任一横截面上的弯矩对 x 的一阶导数等于该截面上的剪力。这一微分关系的几何意义是，弯矩图上某点切线的斜率等于相应截面上的剪力。

将式(7-4)两边求导，可得

$$\frac{d^2M(x)}{dx^2}=q(x) \tag{7-5}$$

结论三：梁上任一横截面上的弯矩对 x 的二阶导数等于该截面处的分布荷载集度。这一微分关系的几何意义是，弯矩图上某点的曲率等于相应截面处的荷载集度，即由分布荷载集度的正负可以确定弯矩图的凹凸方向。

2. 用微分关系法绘制剪力图和弯矩图

利用弯矩、剪力与荷载集度之间的微分关系及其几何意义，可总结出下列一些规律，以用来校核或绘制梁的剪力图和弯矩图：

(1)在无荷载梁段，即 $q(x)=0$ 时。由式(7-4)可知，$Q(x)$ 是常数，即剪力图是一条平行于 x 轴的直线；又由式(7-5)可知该段弯矩图上各点切线的斜率为常数，因此，弯矩图是一条斜直线。

(2)均布荷载梁段，即 $q(x)$ 为常数时。由式(7-4)可知，剪力图上各点切线的斜率为常数，即 $Q(x)$ 是 x 的一次函数，剪力图是一条斜直线；又由式(7-5)可知，该段弯矩图上各点切线的斜率为 x 的一次函数，因此，$M(x)$ 是 x 的二次函数，即弯矩图为二次抛物线。这时可能出现两种情况，如图 7-15 所示。

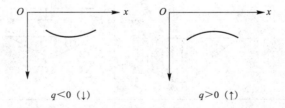

图 7-15 弯矩图的凹凸方向与 $q(x)$ 的关系

3. 弯矩的极值

由 $\frac{dM(x)}{dx}=Q(x)=0$ 可知，在 $Q(x)=0$ 的截面处，$M(x)$ 具有极值。即剪力等于零的截面上，弯矩具有极值；反之，弯矩具有极值的截面上，剪力一定等于零。

利用上述荷载、剪力和弯矩之间的微分关系及规律，依据表 7-4，可更简捷地绘制梁的

剪力图和弯矩图,其步骤如下:

(1)分段,即根据梁上外力及支承等情况将梁分成若干段;

(2)根据各段梁上的荷载情况,判断其剪力图和弯矩图的大致形状;

(3)利用计算内力的简便方法,直接求出若干控制截面上的 Q 值和 M 值;

(4)逐段直接绘出梁的剪力图和弯矩图。

表 7-4 梁的荷载、剪力图、弯矩图之间的相互关系

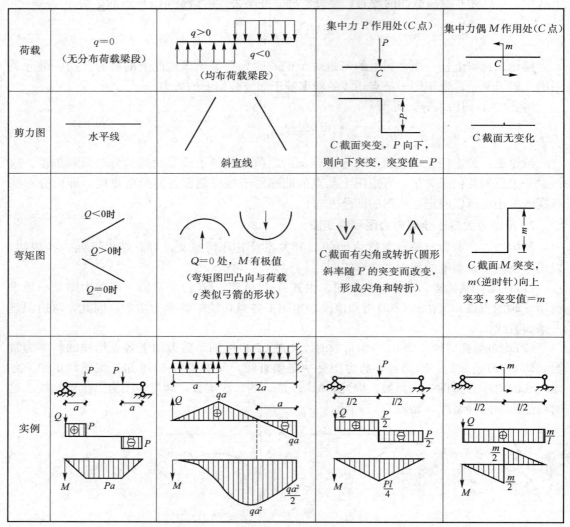

【例 7-5】 一外伸梁,梁上荷载如图 7-16(a)所示,已知 $l=4$ m,利用微分关系绘制出外伸梁的剪力图和弯矩图。

解:(1)求支座反力。

$$R_B = 20 \text{ kN}(\uparrow), \quad R_D = 8 \text{ kN}(\uparrow)$$

(2)根据梁上的外力情况将梁分段,将梁分为 AB、BC 和 CD 三段。

(3)计算控制截面剪力,绘制剪力图。AB 段梁上有均布荷载,该段梁的剪力图为斜直线,其控制截面剪力为

$$Q_A = 0$$
$$Q_B = -\frac{1}{2}ql = -\frac{1}{2} \times 4 \times 4 = -8(\text{kN})$$

BC 和 CD 段均为无荷载区段，剪力图均为水平线，其控制截面剪力为
$$Q_B = -\frac{1}{2}ql + R_B = -8 + 20 = 12(\text{kN})$$
$$Q_D = -R_D = -8 \text{ kN}$$

绘制出剪力图如图 7-16(b) 所示。

(4) 计算控制截面弯矩，绘制弯矩图。AB 段梁上有均布荷载，该段梁的弯矩图为二次抛物线。因 q 向下 (q<0)，所以曲线向下凸，其控制截面弯矩为
$$M_A = 0$$
$$M_B = -\frac{1}{2}ql \times \frac{l}{4} = -\frac{1}{8} \times 4 \times 4^2 = -8(\text{kN} \cdot \text{m})$$

BC 段与 CD 段均为无荷载区段，弯矩图均为斜直线，其控制截面弯矩为
$$M_B = -8 \text{ kN} \cdot \text{m}$$
$$M_C = R_D \times \frac{l}{2} = 8 \times 2 = 16(\text{kN} \cdot \text{m})$$
$$M_D = 0$$

绘制出弯矩图如图 7-16(c) 所示。

从以上可以看出，对本题来说，只需要计算出 $Q_{B左}$、$Q_{B右}$、$Q_{D左}$ 和 M_B、M_C，就可以绘制出梁的剪力图和弯矩图。

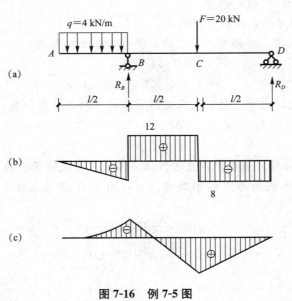

图 7-16　例 7-5 图

【例 7-6】 某简支梁，尺寸及梁上荷载如图 7-17(a) 所示，利用微分关系绘制出此梁的剪力图和弯矩图。

解：(1) 求支座反力。
$$R_A = 6 \text{ kN}(\uparrow) \quad R_C = 18 \text{ kN}(\uparrow)$$

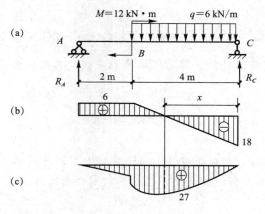

图 7-17 例 7-6 图

(2) 根据梁上的荷载情况,将梁分为 AB 和 BC 两段,逐段画出内力图。

(3) 计算控制截面剪力,画剪力图。

AB 段为无荷载区段,剪力图为水平线,其控制截面剪力为

$$Q_A = R_A = 6 \text{ kN}$$

BC 为均布荷载段,剪力图为斜直线,其控制截面剪力为

$$Q_B = R_A = 6 \text{ kN}$$
$$Q_C = -R_C = -18 \text{ kN}$$

绘制出剪力图如图 7-17(b) 所示。

(4) 计算控制截面弯矩,绘制弯矩图。

AB 段为无荷载区段,弯矩图为斜直线,其控制截面弯矩为

$$M_A = 0$$
$$M_{B左} = R_A \times 2 = 12 \text{ kN} \cdot \text{m}$$

BC 为均布荷载段,由于 q 向下,弯矩图为凸向下的二次抛物线,其控制截面弯矩为

$$M_{B右} = R_A \times 2 + M = 6 \times 2 + 12 = 24 (\text{kN} \cdot \text{m})$$
$$M_C = 0$$

从剪力图可知,此段弯矩图中存在着极值,应该求出极值所在的截面位置及其大小。

设弯矩具有极值的截面与右端的距离为 x,由该截面上剪力等于零的条件可求得 x 值,即

$$Q(x) = -R_C + qx = 0$$
$$x = \frac{R_C}{q} = \frac{18}{6} = 3(\text{m})$$

弯矩的极值为

$$M_{max} = R_C \cdot x - \frac{1}{2} qx^2 = 18 \times 3 - \frac{6 \times 3^2}{2} = 27 (\text{kN} \cdot \text{m})$$

绘制出弯矩图如图 7-17(c) 所示。

对本题来说,反力 R_A、R_C 求出后,便可直接绘制出剪力图。而弯矩图,也只需要确定 $M_{B左}$、$M_{B右}$ 及 M_{max} 值,便可画出。

在熟练掌握简便方法求内力的情况下,可以直接根据梁上的荷载及支座反力绘制出内力图。

7.3 用叠加法画弯矩图

7.3.1 叠加原理

由于在小变形条件下,梁的内力、支座反力、应力和变形等参数均与荷载呈线性关系,每一荷载单独作用时引起的某一参数不受其他荷载的影响。所以,梁在 n 个荷载共同作用时所引起的某一参数(内力、支座反力、应力和变形等),等于梁在各个荷载单独作用时所引起同一参数的代数和,这种关系称为叠加原理(图 7-18)。

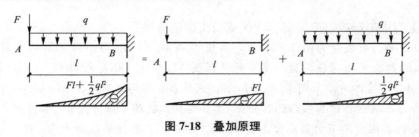

图 7-18 叠加原理

7.3.2 叠加法画弯矩图

根据叠加原理来绘制梁的内力图的方法称为叠加法。由于剪力图一般比较简单,因此不用叠加法绘制。下面只讨论用叠加法作梁的弯矩图。其方法为,先分别作出梁在每一个荷载单独作用下的弯矩图,然后将各弯矩图中同一截面上的弯矩代数相加,即可得到梁在所有荷载共同作用下的弯矩图。

【例 7-7】 试用叠加法画出图 7-19 所示简支梁的弯矩图。

解:(1)先将梁上荷载分为集中力偶 m 和均布荷载 q 两组。

(2)分别绘制出 m 和 q 单独作用时的弯矩图 M_1 和 M_2 [图 7-19(b)、(c)]。

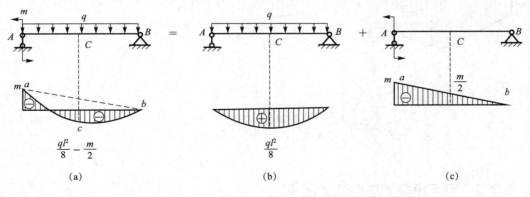

图 7-19 例 7-7 图
(a)M 图;(b)M_1 图;(c)M_2 图

(3)将这两个弯矩图相叠加。叠加时,是将相应截面的纵坐标代数相加。叠加方法如图

7-19(a)所示。先作出直线形的弯矩图 M_2（ab 直线，可用虚线画出），再以 ab 为基准线作出曲线形的弯矩图 M_1。这样，将两个弯矩图相应纵坐标代数相加后，就得到 m 和 q 共同作用下的最后弯矩图 M［图 7-19(a)］。其控制截面为 A、B、C。即

A 截面弯矩：$M_A = -m + 0 = -m$；

B 截面弯矩：$M_B = 0 + 0 = 0$；

跨中 C 截面弯矩：$M_C = \dfrac{ql^2}{8} - \dfrac{m}{2}$。

叠加时宜先画直线形的弯矩图，再叠加上曲线形或折线形的弯矩图。

由上例可知，用叠加法作弯矩图，一般不能直接求出最大弯矩的精确值，若需要确定最大弯矩的精确值，应找出剪力 $Q=0$ 的截面位置，求出该截面的弯矩，即得到最大弯矩的精确值。

【例 7-8】 用叠加法绘制出图 7-20 所示简支梁的弯矩图。

解：（1）将梁上荷载分为两组。其中，集中力偶 m_A 和 m_B 为一组，集中力 F 为一组。

（2）分别绘制出两组荷载单独作用下的弯矩图 M_1 和 M_2［图 7-20(b)、(c)］，然后将这两个弯矩图相叠加。叠加方法如图 7-20(a)所示。先作出直线形的弯矩图 M_1（ab 直线，用虚线画出），再以 ab 为基准线作出折线形的弯矩图 M_2。这样，将两个弯矩图相应纵坐标代数相加后，就得到两组荷载共同作用下的最后弯矩图 M［图 7-20(a)］。其控制截面为 A、B、C。即

A 截面弯矩：$M_A = m_A + 0 = m_A$；

B 截面弯矩：$M_B = m_B + 0 = m_B$；

跨中 C 截面弯矩：$M_C = \dfrac{m_A + m_B}{2} + \dfrac{Fl}{4}$。

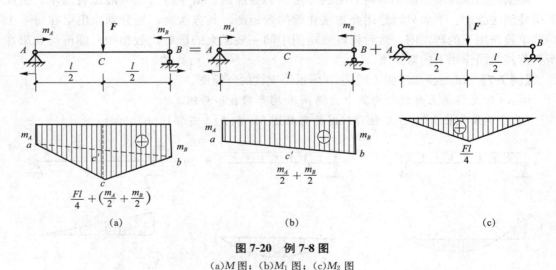

图 7-20 例 7-8 图
(a)M 图；(b)M_1 图；(c)M_2 图

7.3.3 用区段叠加法画弯矩图

上面介绍了利用叠加法画全梁的弯矩图。现在进一步把叠加法推广到画某一段梁的弯矩图，这对画复杂荷载作用下梁的弯矩图和今后画刚架、超静定梁的弯矩图是十分有用的。

图 7-21(a)所示为一梁承受荷载 F、q 作用，如果已求出该梁截面 A 的弯矩 M_A 和截面

B 的弯矩 M_B，则可取出 AB 段为脱离体[图 7-21(b)]，然后根据脱离体的平衡条件分别求出截面 A、B 的剪力 Q_A、Q_B。将此脱离体与图 7-21(c)所示的简支梁相比较，由于简支梁受相同的集中力 F 及杆端力偶 M_A、M_B 作用，因此，由简支梁的平衡条件可求得支座反力 $Y_A = Q_A$，$Y_B = Q_B$。

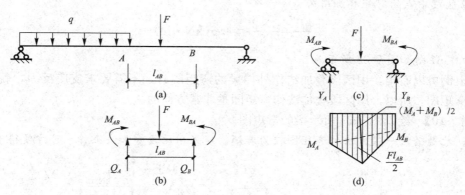

图 7-21 区段叠加法

可见图 7-21(b)与图 7-21(c)两者受力完全相同，因此两者弯矩也必然相同。对于图 7-21(c)所示的简支梁，可以用上面讲的叠加法作出其弯矩图，如图 7-21(d)所示，因此，可知 AB 段的弯矩图也可用叠加法作出。由此得出结论：任意段梁都可以当作简支梁，并可以利用叠加法来作该段梁的弯矩图。这种利用叠加法作某一段梁弯矩图的方法称为"区段叠加法"。

【例 7-9】 试作出图 7-22 所示外伸梁的弯矩图。

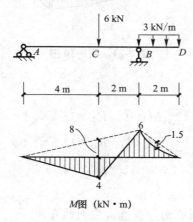

图 7-22 例 7-9 图

解：(1)分段。将梁分为 AB、BD 两个区段。
(2)计算控制截面弯矩。

$$M_A = 0$$
$$M_B = -3 \times 2 \times 1 = -6(\text{kN} \cdot \text{m})$$
$$M_D = 0$$

AB 区段 C 点处的弯矩叠加值为

$$\frac{Fab}{l} = \frac{6 \times 4 \times 2}{6} = 8(\text{kN} \cdot \text{m})$$

$$M_C = \frac{Fab}{l} - \frac{2}{3} M_B = 8 - \frac{2}{3} \times 6 = 4(\text{kN} \cdot \text{m})$$

BD 区段中点的弯矩叠加值为

$$\frac{ql^2}{8} = \frac{3 \times 2^2}{8} = 1.5(\text{kN} \cdot \text{m})$$

(3)作 M 图如图 7-22 所示。

由上例可以看出，用区段叠加法作外伸梁的弯矩图时，不需要求支座反力，就可以绘制出其弯矩图。所以，用区段叠加法作弯矩图是非常方便的。

【例 7-10】 绘制图 7-23 所示梁的弯矩图。

解： 此题若用一般方法作弯矩图较为麻烦。现采用区段叠加法来作，可方便得多。

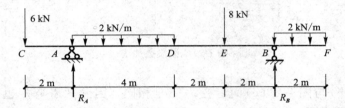

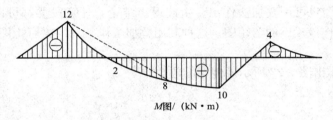

图 7-23 例 7-10 图

(1)计算支座反力。

$$\sum M_B = 0 \quad R_A = 15 \text{ kN}(\uparrow)$$

$$\sum M_A = 0 \quad R_B = 11 \text{ kN}(\uparrow)$$

校核：$\sum Y = -6 + 15 - 2 \times 4 - 8 + 11 - 2 \times 2 = 0$

计算无误。

(2)选定外力变化处为控制截面，并求出它们的弯矩。

本例控制截面为 C、A、D、E、B、F 各处，可直接根据外力确定内力的方法求得：

$$M_C = 0$$
$$M_A = -6 \times 2 = -12(\text{kN} \cdot \text{m})$$
$$M_D = -6 \times 6 + 15 \times 4 - 2 \times 4 \times 2 = 8(\text{kN} \cdot \text{m})$$
$$M_E = -2 \times 2 \times 3 + 11 \times 2 = 10(\text{kN} \cdot \text{m})$$
$$M_B = -2 \times 2 \times 1 = -4(\text{kN} \cdot \text{m})$$
$$M_F = 0$$

(3)将整个梁分为 CA、AD、DE、EB、BF 五段，然后用区段叠加法绘制各段的弯矩图。方法是：先用一定比例绘制出 CF 梁各控制截面的弯矩纵标，然后看各段是否有荷载作用，如果某段范围内无荷载作用（如 CA、DE、EB 三段），则可把该段端部的弯矩纵标连以直线，即该段弯矩图。如该段内有荷载作用（例如 AD、BF 两段），则把该段端部的弯矩纵标连一虚线，以虚线为基线叠加该段按简支梁求得的弯矩图。整个梁的弯矩图如图 7-23 所示。其中 AD 段中点的弯矩为

$$M_{AD}=2 \text{ kN} \cdot \text{m}$$

7.4 平面图形的几何性质

视频：截面的
几何性质分析

构件在外力作用下产生的应力和变形，都与构件的截面形状和尺寸有关。反映截面形状和尺寸的某些性质的一些量，如拉伸时遇到的截面面积、扭转时遇到的极惯性矩和这一章前面遇到的惯性矩、抗弯截面系数等，统称为截面的几何性质。为了计算弯曲应力和变形，需要知道截面的一些几何性质。现在来讨论截面的一些主要的几何性质。

7.4.1 形心和静矩

若截面形心的坐标为 y_C 和 z_C（C 为截面形心），将面积的每一部分看成平行力系，即看成等厚、均质薄板的重力，根据合力矩定理可得形心坐标公式：

$$z_C = \frac{\int_A z\text{d}A}{A}, y_C = \frac{\int_A y\text{d}A}{A} \tag{7-6}$$

静矩又称面积矩。其定义如下，在图 7-24 中任意截面内取一点 $M(z, y)$，围绕 M 点取一微面积 $\text{d}A$，微面积对 z 轴的静矩为 $y\text{d}A$，对 y 轴的静矩为 $z\text{d}A$，则整个截面对 z 轴和 y 轴的静矩分别为

$$\begin{aligned} S_z &= \int_A y\text{d}A \\ S_y &= \int_A z\text{d}A \end{aligned} \tag{7-7}$$

由形心坐标公式

$$\int_A y\text{d}A = Ay_C$$
$$\int_A z\text{d}A = Az_C$$

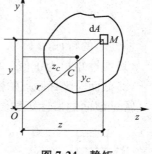

图 7-24 静矩

可知：

$$\begin{aligned} S_z &= \int_A y\text{d}A = Ay_C \\ S_y &= \int_A z\text{d}A = Az_C \end{aligned} \tag{7-8}$$

式(7-8)中 y_C 和 z_C 是截面形心 C 的坐标，A 是截面面积。当截面形心的位置已知时可以用式(7-8)来计算截面的静矩。

从上面可知，同一截面对不同轴的静矩不同，静矩可以是正负或是零；静矩的单位是长度的立方，用 m³ 或 cm³、mm³ 等表示；当坐标轴通过形心时，截面对该轴的静矩为零。

当截面由几个规则图形组合而成时，截面对某轴的静矩，应等于各个图形对该轴静矩的代数和。其表达式为

$$S_z = \sum_{i=1}^{n} A_i y_i \tag{7-9}$$

$$S_y = \sum_{i=1}^{n} A_i z_i \tag{7-10}$$

而截面形心坐标公式也可以写成

$$z_C = \frac{\sum A_i y_i}{\sum A_i} \tag{7-11}$$

$$y_C = \frac{\sum A_i z_i}{\sum A_i} \tag{7-12}$$

7.4.2 惯性矩、惯性积和平行移轴定理

在图 7-24 中任意截面上选取一微面积 dA，则微面积 dA 对 z 轴和 y 轴的惯性矩为 $z^2 dA$ 和 $y^2 dA$。整个面积对 z 轴和 y 轴的惯性矩分别记为 I_z 和 I_y，而惯性积记为 I_{zy}，则定义：

$$I_z = \int_A y^2 dA$$

$$I_y = \int_A z^2 dA \tag{7-13}$$

$$I_{zy} = \int_A zy\, dA \tag{7-14}$$

惯性矩的特征如下：
(1)惯性矩恒为正值，单位为 m⁴。
(2)截面对坐标原点的极惯性矩，等于截面对通过原点的一对正交坐标轴的惯性矩之和。
常见截面的惯性矩如图 7-25 所示。

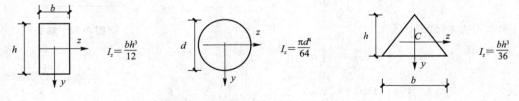

图 7-25 常见截面的惯性矩

极惯性矩定义为

$$I_\rho = \int_A \rho^2 dA = \int_A (z^2 + y^2) dA = I_z + I_y \tag{7-15}$$

从上面可以看出，惯性矩总是大于零，因为坐标的平方总是正数，惯性积可以是正、负和零；惯性矩、惯性积和极惯性矩的单位都是长度的四次方，用 m⁴ 或 cm⁴、mm⁴ 等表示。

对同一截面中不同的平行的轴，它们的惯性矩和惯性积是不同的。同一截面中两根平行轴的惯性矩和惯性积虽然不同，但它们之间存在一定的关系。下面讨论两根平行轴的惯性矩、惯性积之间的关系。

如图 7-26 所示，任意截面、任意轴对 z' 轴和 y' 轴的惯性矩、惯性积分别为 $I_{z'}$、$I_{y'}$ 和 $I_{z'y'}$。过形心 C 有平行于 z'、y' 的两个坐标轴 z 和 y，截面对 z、y 轴的惯性矩和惯性积为 I_z、I_y 和 I_{zy}。对 $Oz'y'$ 坐标系形心坐标为 $C(a, b)$。截面上选取微面积 dA，dA 的形心坐标为

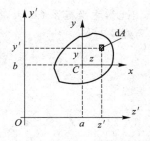

图 7-26　惯性矩和惯性积

$$z' = z + a$$
$$y' = y + b$$

则按照惯性矩的定义有

$$I_{y'} = \int_A z'^2 dA = \int_A (z+a)^2 dA$$
$$= \int_A z^2 dA + 2a \int_A z dA + a^2 \int_A dA$$

上式中第一项为截面对过形心坐标轴 y 轴的惯性矩；第三项为面积的 a^2 倍；而第二项为截面过形心坐标轴 y 轴静矩乘以 $2a$。根据静矩的性质，对过形心轴的静矩为零，所以第二项为零。这样上式可以写为

$$I_{y'} = I_{y_c} + a^2 A \tag{7-16}$$

同理可得

$$I_{z'} = I_{z_c} + b^2 A \tag{7-17}$$

$$I_{z'y'} = I_{z_c y_c} + abA \tag{7-18}$$

也就是说，截面对于平行于形心轴的惯性矩，等于该截面对形心轴的惯性矩再加上其面积乘以两轴间距离的平方；而截面对于平行于过形心轴的任意两垂直轴的惯性积，等于该面积对过形心二轴的惯性积再加上面积乘以相互平行的二轴距之积。这就是惯性矩和惯性积的平行移轴定理。

【例 7-11】　计算图 7-27 所示 T 形截面的形心和过它的形心 z 轴的惯性矩。

解：(1)确定截面形心位置。

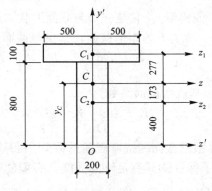

图 7-27　例 7-11 图

选参考坐标系 $Oz'y'$，如图 7-27 所示。将截面分解为上面和下面两个矩形，截面形心 C 的纵坐标为

$$y_C = \frac{\sum A_i y_i}{\sum A_i} = \frac{A_1 y_{C_1} + A_2 y_{C_2}}{A}$$

$$= \frac{1\,000 \times 100^2 \times 850 + 800 \times 200 \times 400}{1\,000 \times 100 + 800 \times 200}$$

$$= 573 \text{(mm)}$$

$$z_C = 0$$

(2) 计算截面惯性矩。上面矩形与下面矩形对形心轴 z 的惯性矩分别为

$$I_{z_1} = \frac{1}{12} \times 1\,000 \times 100^3 + 1\,000 \times 100 \times 277^2 = 7.76 \times 10^9 (\text{mm}^4)$$

$$I_{z_2} = \frac{1}{12} \times 200 \times 800^3 + 800 \times 200 \times 173^2 = 13.32 \times 10^9 (\text{mm}^4)$$

$$I_z = I_{z_1} + I_{z_2} = 21.1 \times 10^9 \text{mm}^4$$

7.5 梁弯曲时的应力及强度计算

7.5.1 梁的正应力强度条件

(1) 最大正应力。在强度计算时必须计算出梁的最大正应力。产生最大正应力的截面称为危险截面。对于等直梁，最大弯矩所在的截面就是危险截面。危险截面上的最大应力点称为危险点，它发生在距离中性轴最远的上、下边缘处。

对于中性轴是截面对称轴的梁，最大正应力的值为

$$\sigma_{\max} = \frac{M_{\max} y_{\max}}{I_z}$$

令

$$W_z = \frac{I_z}{y_{\max}}$$

则

$$\sigma_{\max} = \frac{M_{\max}}{W_z} \tag{7-19}$$

式中，W_z 称为抗弯截面系数（或模量），它是一个与截面形状和尺寸有关的几何量，其常用单位为 m^3 或 mm^3。对高为 h、宽为 b 的矩形截面，其抗弯截面系数为

$$W_z = \frac{I_z}{y_{\max}} = \frac{bh^3/12}{h/2} = \frac{bh^2}{6}$$

对直径为 D 的圆形截面，其抗弯截面系数为

$$W_z = \frac{I_z}{y_{\max}} = \frac{\pi D^4/64}{D/2} = \frac{\pi D^3}{32}$$

对工字钢、槽钢、角钢等型钢截面的抗弯截面系数 W_z 可从附录型钢表中查得。

(2) 正应力强度条件。为了保证梁具有足够的强度，必须使梁危险截面上的最大正应力不超过材料的许用应力，即

$$\sigma_{\max} = \frac{M_{\max}}{W_z} \leqslant [\sigma] \tag{7-20}$$

式(7-20)为梁的正应力强度条件。

根据强度条件可解决工程中有关强度方面的三类问题。

(1)强度校核。在已知梁的横截面形状和尺寸、材料及所受荷载的情况下,可校核梁是否满足正应力强度条件。即校核是否满足式(7-20)。

(2)设计截面。当已知梁的荷载和所用的材料时,可根据强度条件,先计算出所需要的最小抗弯截面系数:

$$W_z \geqslant \frac{M_{max}}{[\sigma]}$$

然后根据梁的截面形状,再由 W_z 值确定截面的具体尺寸或型钢号。

(3)确定许用荷载。已知梁的材料、横截面形状和尺寸,根据强度条件先计算出梁所能承受的最大弯矩,即

$$M_{max} \leqslant W_z[\sigma]$$

然后由 M_{max} 与荷载的关系,计算出梁所能承受的最大荷载。

7.5.2 梁的切应力强度条件

为保证梁的切应力强度,梁的最大切应力不应超过材料的许用切应力$[\tau]$,即

$$\tau = \frac{Q_{max} S_{z max}^*}{I_z b} \leqslant [\tau] \tag{7-21}$$

式(7-21)称为梁的切应力强度条件。

在梁的强度计算中,必须同时满足正应力和切应力两个强度条件。通常先按正应力强度条件设计出截面尺寸,然后按切应力强度条件进行校核。对于细长梁,按正应力强度条件设计的梁一般都能满足切应力强度要求,就不必做切应力校核。

【例 7-12】 如图 7-28 所示,一悬臂梁长 $l=1.5$ m,自由端受集中力 $F=32$ kN 作用,梁由 No22a 工字形钢制成,自重按 $q=0.33$ kN/m 计算,$[\sigma]=160$ MPa。试校核梁的正应力强度。

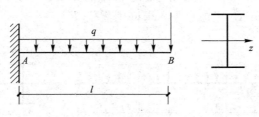

图 7-28 例 7-12 图

解:(1)绘制弯矩图,求最大弯矩的绝对值。

$$|M_{max}| = Fl + \frac{ql^2}{2} = 32 \times 1.5 + \frac{1}{2} \times 0.33 \times 1.5^2 = 48.4 (\text{kN} \cdot \text{m})$$

(2)查型钢表,No2a 工字形钢的抗弯截面系数为 $W_z = 309$ cm³。

(3)校核正应力强度。

$$\sigma_{max} = \frac{M_{max}}{W_z} = \frac{48.4 \times 10^6}{309 \times 10^3} = 157 (\text{MPa}) < [\sigma] = 160 \text{ MPa}$$

满足正应力强度条件。

【例 7-13】 一热轧普通工字形钢截面简支梁，如图 7-29 所示，已知：$l=6$ m，$F_1=15$ kN，$F_2=21$ kN，钢材的许用应力 $[\sigma]=170$ MPa，试选择工字形钢的型号。

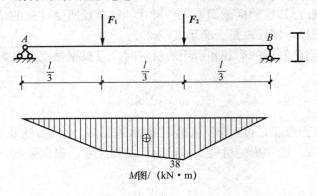

图 7-29　例 7-13 图

解：（1）绘制弯矩图，确定 $M_{\max}$。
1）求支反力
$$R_A=17 \text{ kN}(\uparrow)$$
$$R_B=19 \text{ kN}(\uparrow)$$
2）绘制 M 图，最大弯矩发生在 F_2 作用截面上，其值为
$$M_{\max}=38 \text{ kN}\cdot\text{m}$$
（2）计算工字钢梁所需的抗弯截面系数为
$$W_{z1}\geqslant\frac{M_{\max}}{[\sigma]}=\frac{38\times10^6}{170}=223.5\times10^3(\text{mm}^3)=223.5 \text{ cm}^3$$
（3）选择工字形钢型号。

由附录查型钢表得 No20a 工字钢的 W_z 值为 237 cm³，略大于所需的 W_{z1}，故采用 No20a 号工字形钢。

【例 7-14】 如图 7-30 所示，No40a 号工字形钢简支梁，跨度 $l=8$ m，跨中点受集中力 F 作用。已知 $[\sigma]=140$ MPa，考虑自重，求许用荷载 $[F]$。

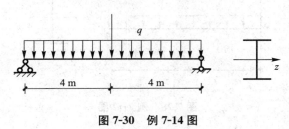

图 7-30　例 7-14 图

解：（1）由型钢表查有关数据：
工字形钢自重　　　　　　$q=67.6$ kgf/m ≈ 676 N/m
抗弯截面系数　　　　　　$W_z=1\,090$ cm³
（2）按强度条件求许用荷载 $[F]$。
$$M_{\max}=\frac{ql^2}{8}+\frac{Fl}{4}=\frac{1}{8}\times676\times8^2+\frac{1}{4}\times F\times8=5\,408+2F(\text{N}\cdot\text{m})$$
根据强度条件　　　　　　$[M_{\max}]\leqslant W_z[\sigma]$

$$5\,408+2F \leqslant 1\,090 \times 10^{-3} \times 140 \times 10^{6}$$

解得
$$[F] = 73\,600 \text{ N} = 73.6 \text{ kN}$$

【例 7-15】 一外伸工字形钢梁，工字形钢的型号为 No22a，梁上荷载如图 7-31(a)所示。已知 $l=6$ m，$F=30$ kN，$q=6$ kN/m，$[\sigma]=170$ MPa，$[\tau]=100$ MPa，检查此梁是否安全。

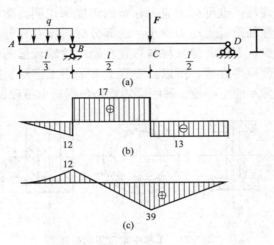

图 7-31 例 7-15 图

解：(1) 绘制剪力图、弯矩图，如图 7-30(b)、(c)所示。

$$M_{\max} = 39 \text{ kN} \cdot \text{m}$$
$$Q_{\max} = 17 \text{ kN}$$

(2) 由型钢表查得有关数据。

$$b = 0.75 \text{ cm}$$
$$\frac{I_z}{S_{z\max}^*} = 18.9 \text{ cm}$$
$$W_z = 309 \text{ cm}^3$$

(3) 校核正应力强度及切应力强度

$$\sigma_{\max} = \frac{M_{z\max}}{W_z} = \frac{39 \times 10^6}{309 \times 10^3} = 126 \text{(MPa)} < [\sigma] = 170 \text{ MPa}$$

$$\tau_{\max} = \frac{Q_{\max} S_{z\max}^*}{I_z b} = \frac{17 \times 10^3}{18.9 \times 10 \times 7.5} = 12 \text{(MPa)} < [\tau] = 100 \text{ MPa}$$

所以，梁是安全的。

7.5.3 梁的合理截面

设计梁时，一方面要保证梁具有足够的强度，使梁在荷载作用下能安全的工作；同时，应使设计的梁能充分发挥材料的潜力，以节省材料，这就需要选择合理的截面形状和尺寸。

梁的强度一般是由横截面上的最大正应力控制。当弯矩一定时，横截面上的最大正应力 $\sigma_{\max}$ 与抗弯截面系数 W_z 成反比，W_z 越大就越有利。而 W_z 的大小是与截面面积及形状有关，合理的截面形状是在截面面积 A 相同的条件下，有较大的抗弯截面系数 W_z，也就是

说比值 W_z/A 大的截面形状合理。由于在一般截面中，W_z 与其高度的平方成正比，所以，尽可能地使横截面面积分布在距离中性轴较远的地方，这样，在截面面积一定的情况下可以得到尽可能大的抗弯截面系数 W_z，而使最大正应力 $\sigma_{\max}$ 减少，或者在抗弯截面系数 W_z 一定的情况下，减少截面面积以节省材料和减轻自重。所以，工字形、槽形截面比矩形截面合理，矩形截面立放比平放合理，正方形截面比圆形截面合理。

梁的截面形状的合理性，也可从正应力分布的角度来说明。梁弯曲时，正应力沿截面高度呈直线分布，在中性轴附近正应力很小，这部分材料没有充分发挥作用。如果将中性轴附近的材料尽可能减少，而将大部分材料布置在距中性轴较远的位置处，则材料就能充分发挥作用，截面形状就显得合理。所以，工程上常采用工字形、圆环形、箱形（图 7-32）等截面面形式。工程中常用的空心板、薄腹梁等就是根据这个道理设计的。

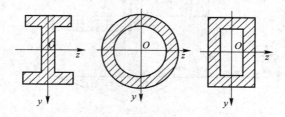

图 7-32　工程中梁常用的截面

另外，在梁横截面上距中性轴最远的各点处，分别有最大拉应力和最大压应力。为了充分发挥材料的潜力，应使它们同时达到材料相应的许用应力。例如，T 形截面的钢筋混凝土梁的应力分布，如图 7-33 所示。

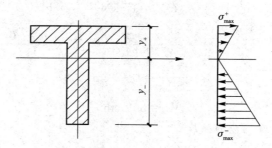

图 7-33　T 形截面梁的应力分布迹线

7.6　提高梁强度的措施

在横力弯曲中，控制梁强度的主要因素是梁的最大正应力，梁的正应力强度条件为

$$\sigma_{\max} = \frac{M_{\max}}{W} \leqslant [\sigma]$$

其为设计梁的主要依据，由这个条件可以看出，对于一定长度的梁，在承受一定荷载的情况下，应设法适当地安排梁所受的力，使梁最大的弯矩绝对值降低，同时选用合理的

截面形状和尺寸，使抗弯截面模量 W 值增大，以达到设计出的梁满足节约材料和安全适用的要求。关于提高梁的抗弯强度问题，分别做以下几个方面讨论。

7.6.1 合理安排梁的受力情况

在工程实际容许的情况下，提高梁强度的重要措施是合理安排梁的支座和加荷方式。例如，图 7-34(a) 所示的简支梁，承受均布载荷 q 作用，如果将梁两端的铰支座各向内移动少许，如移动 $0.2l$，如图 7-34(b) 所示，则后者的最大弯矩仅为前者的 1/5。

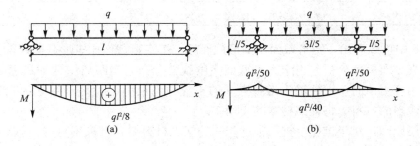

图 7-34 合理安排支座位置

又如，图 7-35 所示的简支梁 AB，在跨度中点承受集中荷载 F_p 作用，如果在梁的中部设置一长度为 $l/2$ 的辅助梁 CD，如图 7-35(b) 所示。这时，梁 AB 内的最大弯矩将减小一半。

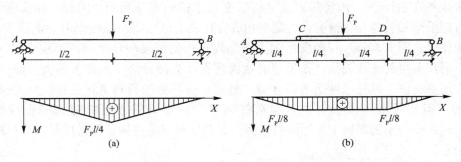

图 7-35 设置辅助梁

上述实例说明，合理安排支座和加载方式，将显著减小梁内的最大弯矩。

7.6.2 选用合理的截面形状

从弯曲强度考虑，比较合理的截面形状，是使用较小的截面面积，却能获得较大抗弯截面系数的截面。截面形状和放置位置不同，W_z/A 比值不同，因此，可用比值 W_z/A 来衡量截面的合理性和经济性，比值越大，所采用的截面就越经济合理。

现以跨中受集中力作用的简支梁为例，其截面形状分别为圆形、矩形和工字形三种情况。设三种梁的面积 A、跨度和材料都相同，容许正应力为 170 MPa。其抗弯截面系数 W_z 和最大承载力比较见表 7-5。

表7-5 几种常见截面形状的 W_z 和最大承载力比较

截面形状	尺寸	W_z/mm^3	最大承载力/kN
圆形	$d=87.4$ mm $A=60$ cm²	$\dfrac{\pi d^3}{32}=65.5\times10^3$	44.5
矩形	$b=60$ mm $h=100$ mm $A=60$ cm²	$\dfrac{bh^2}{6}=100\times10^3$	68.0
工字形钢 No28b	$A=61.05$ cm²	534×10^3	383

从表7-5中可以看出,矩形截面比圆形截面好,工字形截面比矩形截面好得多。

从正应力分布规律分析,正应力沿截面高度线性分布,当距离中性轴最远各点处的正应力达到许用应力值时,中性轴附近各点处的正应力仍很小。因此,在距离中性轴较远的位置,配置较多的材料,将提高材料的应用率。

根据上述原则,对于抗拉与抗压强度相同的塑性材料梁,宜采用对中性轴对称的截面,如工字形截面等;而对于抗拉强度低于抗压强度的脆性材料梁,则最好采用中性轴偏于受拉一侧的截面,如T形和槽形截面等。

7.6.3 采用变截面梁

一般情况下,梁内不同横截面的弯矩不同。因此,在按最大弯矩所设计的等截面梁中,除最大弯矩所在截面外,其余截面的材料强度均未得到充分利用。因此,在实际工程中,常根据弯矩沿梁轴线的变化情况,将梁也相应设计成变截面梁。横截面沿梁轴线变化的梁,称为变截面梁。图7-36(a)、(b)所示为上下加焊盖板的板梁和悬挑梁,就是根据各截面上弯矩的不同而采用的变截面梁。如果将变截面梁设计为使每个横截面上最大正应力都等于材料的许用应力值,这种梁称为等强度梁。显然,这种梁的材料消耗最少、质量最小,是最合理的。但实际上,由于自加工制造等因素,一般只能近似地做到等强度的要求。图7-36(c)、(d)所示的车辆上常用的叠板弹簧、鱼腹梁就是很接近等强度要求的形式。

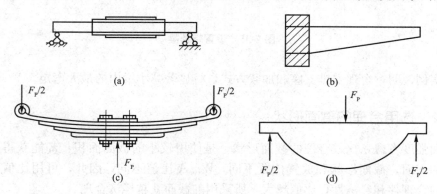

图7-36 变截面梁

7.7 应力状态分析与强度理论

7.7.1 应力状态的概念

前面有关章节中所求的应力，是求通过所求应力点的横截面上的应力，这样求得的应力实际上是横截面上的应力，但过一点可以选取无数个斜截面。显然斜截面上也有应力，包括正应力和剪应力，其大小和方向一般与横截面上的应力不同，有时可能首先达到危险值，使材料发生破坏，实践也给予了证明，如混凝土梁的弯曲破坏，除在跨中底部发生竖向裂缝外，在其他底部部位还会发生斜向裂缝，又如铸铁受压破坏，裂缝是沿着与杆轴成 45°的方向。**为了对构件进行强度计算，必须了解构件受力后在通过它的哪一个截面和哪一点上的应力最大。因此，必须研究通过受力构件内任一点的各个不同截面上的应力情况，即必须研究一点的应力状态。**

为了研究某点应力状态，可围绕该点取出一微小的正六面体，即单元体来研究。因单元体的边长是无穷小的量，可以认为：作用在单元体的各个方向上的应力都是均匀分布的；在任意一对平行平面上的应力是相等的，且代表着通过所研究的点并与上述平面平行的面上的应力。因此，单元体三对平面上的应力就代表通过所研究的点的三个互相垂直截面上的应力，只要知道了这三个面上的应力，则其他任意截面上的应力都可通过截面法求出，这样，该点的应力状态就可以完全确定。**因此，可用单元体的三个互相垂直平面上的应力来表示一点的应力状态。**

图 7-37 表示一轴向拉伸杆，若在任意 A、B 两点处各取出一单元体，如选择的单元体的一个相对面为横截面，则在它们的三对平行平面上作用的应力都可由前面的公式计算出，故可以说 A、B 点的应力状态是完全确定的，其他点也是一样。又如图 7-38 表示一受横力弯曲的梁，若在 A、B、C、D 等点各取出一单元体，如单元体的一个相对面为横截面，则在它们的三对平行平面上的应力也可由前面的公式计算出，故这些点的应力状态也是完全确定的。

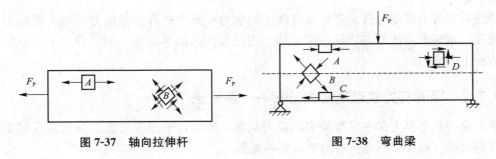

图 7-37 轴向拉伸杆　　　　图 7-38 弯曲梁

根据一点的应力状态中各应力在空间的不同位置，可以将应力状态分为**空间应力状态和平面应力状态**。全部应力位于同一平面内时，称为平面应力状态；全部应力不在同一平面内，在空间分布，称为空间应力状态。

过某点选取的单元体，其各面上一般都有正应力和剪应力。根据弹性力学中的研究，通过受力构件的每一点，都可以取出一个这样的单元体，在三对相互垂直的相对面上剪应力等于零,而只有正应力,这样的单元体称为**主单元体**,这样的单元体面称为**主平面**。主平面上的正应力称为主应力。通常用字母 σ_1、σ_2 和 σ_3 代表分别作用在这三对主平面上的主应力,其中 σ_1 代表数值最大的主应力,σ_3 代表数值最小的主应力。容易知道,在图 7-37 中的 A 点及图 7-38 中的 A、C 两点处所取的单元体的各平行平面上的剪应力都等于零,这样的单元体称为主单元体,主平面上的正应力即主应力。

实际上,在受力构件内所取出的主单元体上,不一定在三个相对面上都存在有主应力,故应力状态又可分下列三类:

(1)**单向应力状态**。在三个相对面上三个主应力中只有一个主应力不等于零。图 7-37 中 A 点和图 7-38 中 A、C 两点的应力状态都属于单向应力状态。

(2)**双向应力状态(平面应力状态)**。在三个相对面上三个主应力中有两个主应力不等于零,如图 7-38 所示 B、D 两点的应力状态。在平面应力状态里,有时会遇到一种特例。此时,单元体的四个侧面上只有剪应力而无正应力,这种状态称为纯剪切应力状态。例如,在纯扭转变形中,如选取横截面为一个相对面的单元体就是这种情况。

(3)**三向应力状态(空间应力状态)**。其三个主应力都不等于零。例如,列车车轮与钢轨接触处附近的材料就是处在三向应力状态下,如图 7-39 所示。

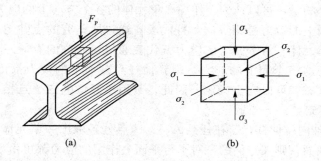

图 7-39 列车车轮与钢轨接触处应力

通常,将单向应力状态称为简单应力状态,而将双向应力状态及三向应力状态称为复杂应力状态。

要进行构件的强度分析,需要知道确定的应力状态中的各个主应力和最大剪应力及它们的方位。求解的方法就是选取一单元体,用截面法截取单元体,利用静力平衡方程求解各个方位上的应力。

7.7.2 平面应力状态的应力分析——解析法

平面应力状态是力学中见得最多的应力状态,所以,平面应力状态分析具有很重要的意义,同时给三向应力状态分析打下必要的基础。

分析平面应力状态的常用方法有解析法和图解法两种。本节介绍解析法求一点处任意截面上的应力及正应力极值。

1. 斜截面上的应力

某单元体如图 7-40(a)所示。设 ef 为与单元体前后截面垂直的任一斜截面,其外法线 n 与 x 轴间的夹角(方位角)为 α[图 7-40(b)],简称为 α 截面,并规定从 x 轴到外法线 n 逆时

针转向的方位角 α 为正值。α 截面上的正应力和切应力用 σ_α 和 τ_α 表示。对正应力 σ_α，规定以拉应力为正，压应力为负；对切应力 τ_α，则以其对单元体内任一点的矩为顺时针转向者为正；反之为负。

假想地沿斜截面 ef 将单元体截分为二，取 efa 为脱离体，如图 7-40(c) 所示。根据

$$\left.\begin{array}{l}\sum F_n = 0 \\ \sum F_\tau = 0\end{array}\right\} \tag{a}$$

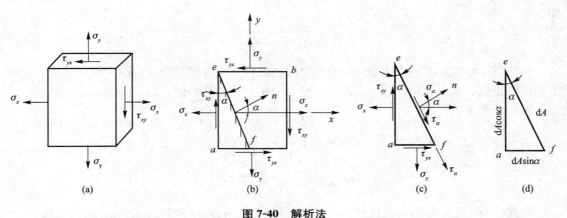

图 7-40 解析法

分别有

$$\sigma_\alpha dA - \sigma_x dA\cos\alpha\cos\alpha + \tau_x dA\cos\alpha\sin\alpha - \sigma_y dA\sin\alpha\sin\alpha + \tau_y dA\sin\alpha\cos\alpha = 0 \tag{b}$$

$$\tau_\alpha dA - \sigma_x dA\cos\alpha\sin\alpha - \tau_x dA\cos\alpha\cos\alpha + \sigma_y dA\sin\alpha\cos\alpha + \tau_y dA\sin\alpha\sin\alpha = 0 \tag{c}$$

根据切应力互等定律有

$$\tau_y = \tau_x \tag{d}$$

将式(a)分别代入式(b)和式(c)，经整理后有

$$\sigma_\alpha = \sigma_x\cos^2\alpha + \sigma_y\sin^2\alpha - 2\tau_x\sin\alpha\cos\alpha \tag{7-22}$$

$$\tau_\alpha(\sigma_x - \sigma_y)\sin\alpha\cos\alpha + \tau_x(\cos^2\alpha - \sin^2\alpha) \tag{7-23}$$

利用三角关系

$$\left.\begin{array}{l}\cos^2\alpha = \dfrac{1+\cos2\alpha}{2} \\ \sin^2\alpha = \dfrac{1-\cos2\alpha}{2} \\ 2\sin\alpha\cos\alpha = \sin2x\end{array}\right\} \tag{e}$$

即可得到

$$\sigma_\alpha = \frac{\sigma_x + \sigma_y}{2} + \frac{\sigma_x - \sigma_y}{2}\cos2\alpha - \tau_x\sin2\alpha \tag{7-24}$$

$$\tau_\alpha = \frac{\sigma_x - \sigma_y}{2}\sin2\alpha + \tau_x\cos2\alpha \tag{7-25}$$

式(7-24)、式(7-25)就是平面应力状态[图 7-40(a)]下任意斜截面上应力 σ_α 和 τ_α 的计算公式。

2. 主应力和主平面

将式(7-24)对 α 取导数

$$\frac{d\sigma_\alpha}{d\alpha}=-2\left(\frac{\sigma_x-\sigma_y}{2}\sin2\alpha+\tau_x\cos2\alpha\right) \tag{a}$$

令此导数等于零，可求得 σ_α 达到极值时的 α 值，以 α_0 表示此值

$$\frac{\sigma_x-\sigma_y}{2}\sin2\alpha_0+\tau_x\cos2\alpha_0=0 \tag{b}$$

即

$$\tan2\alpha_0=\frac{-2\tau_x}{\sigma_x-\sigma_y} \tag{7-26}$$

由式(7-26)可求出 α_0 的相差 $90°$ 的两个根，也就是说有相互垂直的两个面，其中一个面上作用的正应力是极大值，以 σ_{max} 表示；另一个面上的是极小值，以 σ_{min} 表示。

利用三角关系

$$\left.\begin{aligned}\cos2\alpha_0&=\pm\frac{1}{\sqrt{1+\tan^22\alpha_0}}\\ \sin2\alpha_0&=\pm\frac{\tan2\alpha_0}{\sqrt{1+\tan^22\alpha_0}}\end{aligned}\right\} \tag{c}$$

将式(7-26)代入式(c)，再代回到式(7-24)并经整理后即可得到求 σ_{max} 和 σ_{min} 的公式如下：

$$\left.\begin{aligned}\sigma_{max}\\ \sigma_{min}\end{aligned}\right\}=\frac{\sigma_x+\sigma_y}{2}\pm\sqrt{\left(\frac{\sigma_x-\sigma_y}{2}\right)^2+\tau_x^2} \tag{7-27}$$

式中根号前取"+"号时得 σ_{max}，取"−"号时得 σ_{min}。

若将式(7-27)的 σ_{max} 和 σ_{min} 相加可有下面的关系：

$$\sigma_{max}+\sigma_{min}=\sigma_x+\sigma_y \tag{7-28}$$

即对于同一个点所截取的不同方位的单元体，其相互垂直面上的正应力之和是一个不变量，称为第一弹性应力不变量，可用此关系来校核计算结果。

用完全相似的方法，可以讨论切应力 τ_α 的极值和它们所在的平面。将式(7-25)对 α 取导数，得

$$\frac{d\tau_\alpha}{d\alpha}=(\sigma_x-\sigma_y)\cos2\alpha-2\tau_x\sin2\alpha \tag{a}$$

令导数等于零，此时 τ_α 取得极值，其所在的平面的方位角用 α_τ 表示，则

$$(\sigma_x-\sigma_y)\cos2\alpha_\tau-2\tau_x\sin2\alpha_\tau=0 \tag{b}$$

$$\tan2\alpha_\tau=\frac{\sigma_x-\sigma_y}{2\tau_x} \tag{7-29}$$

由式(7-29)解出 $\sin2\alpha_\tau$ 和 $\cos2\alpha_\tau$，代入式(7-25)求得切应力的最大值和最小值为

$$\left.\begin{aligned}\tau_{max}\\ \tau_{min}\end{aligned}\right\}=\pm\sqrt{\left(\frac{\sigma_x-\sigma_y}{2}\right)^2+\tau_x^2} \tag{7-30}$$

与式(7-27)比较，可得

$$\left.\begin{aligned}\tau_{max}\\ \tau_{min}\end{aligned}\right\}=\pm\frac{\sigma_{max}-\sigma_{min}}{2} \tag{7-31}$$

则有

$$\tan2\alpha_0=-\frac{1}{\tan2\alpha_\tau} \tag{7-32}$$

这表明 $2\alpha_0$ 与 $2\alpha_\tau$ 相差 $90°$，即切应力极值所在平面与主平面的夹角为 $45°$。

以上所述分析平面应力状态的方法称为**解析法**。

7.7.3 应力圆

1. 应力圆

由斜截面应力计算公式[式(7-24)与式(7-25)]可知，应力 σ_α 和 τ_α 均为 2α 的函数。将式(7-24)和式(7-25)分别改写成如下形式：

$$\sigma_\alpha - \frac{\sigma_x + \sigma_y}{2} = \frac{\sigma_x - \sigma_y}{2}\cos 2\alpha - \tau_x \sin 2\alpha \tag{a}$$

$$\tau_\alpha - 0 = \frac{\sigma_x - \sigma_y}{2}\sin 2\alpha + \tau_x \cos 2\alpha \tag{b}$$

然后，将以上两式各自平方后再相加，于是得

$$\left(\sigma_\alpha - \frac{\sigma_x + \sigma_y}{2}\right)^2 + (\tau_\alpha - 0)^2 = \left(\frac{\sigma_x - \sigma_y}{2}\right)^2 + \tau_x^2 \tag{c}$$

这是一个以正应力 σ 为横坐标、切应力 τ 为纵坐标的圆的方程，圆心在横坐标轴上，其坐标为 $\left(\frac{\sigma_x + \sigma_y}{2}, 0\right)$，半径为 $\sqrt{\left(\frac{\sigma_x - \sigma_y}{2}\right)^2 + \tau_x^2}$。而圆的任一点的纵、横坐标，则分别代表单元体相应截面上的切应力与正应力，此圆称为**应力圆**或**莫尔(O. Mohr)圆**，如图 7-41 所示。

2. 应力圆的绘制及应用

根据 7-42 所示平面应力状态单元体，作出相应的应力圆，在 σ、τ 坐标系的平面内，按选定的比例尺，找出与 x 截面对应的点位于 $D_1(\sigma_x, \tau_x)$，与 y 截面对应的点位于 $D_2(\sigma_y, \tau_y)$，连接 D_1 和 D_2 两点形成直线，由于 τ_x 和 τ_y 数值相等，即 $\overline{D_1B_1} = \overline{D_2B_2}$，因此，直线 $\overline{D_1D_2}$ 与坐标轴 σ 的交点 C 的横坐标为 $(\sigma_y + \sigma_y)/2$，即 C 为应力圆的圆心。于是，以 C 为圆心，$\overline{CD_1}$ 或 $\overline{CD_2}$ 为半径作圆 $\left[\overline{CD_1} = \overline{CD_2} = \sqrt{\left(\frac{\sigma_x - \sigma_y}{2}\right)^2 + \tau_x^2}\right]$，即得相应的应力圆。

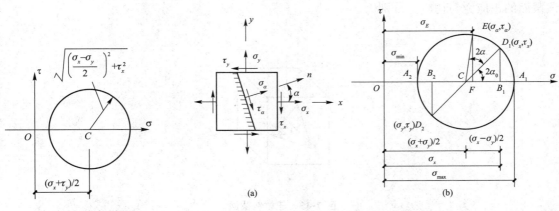

图 7-41 应力圆 图 7-42 绘制应力圆

应力圆确定后，如欲求 α 斜截面的应力，则只需将半径 CD_1 沿方位角 α 的转向旋转 2α 至 CE 处，所得 E 点的纵、横坐标 τ_E 与 σ_E 即分别代表 α 截面的切应力 τ_α 与正应力 σ_α，令圆心角 $\angle A_1CD_1 = 2\alpha_0$。

在利用应力圆分析应力时,应注意应力圆上的点与单元体内截面的对应关系。如图 7-42 所示,当单元体内截面的夹角为 α 时,应力图上相应点所对应的圆心角则为 2α,且两角的转向相同。实质上,这种对应关系是应力圆的参数表达式[式(7-24)和式(7-25)]以两倍方位角为参变量的必然结果。因此,单元体上两相互垂直截面上的应力,在应力圆上的对应点,必位于同一直径的两端。如在图 7-42 中,与 x 截面上应力对应的点 D_1,以及与 y 截面上应力对应的点 D_2,即位于同一直径的两端。

7.7.4 三向应力状态的最大应力

1. 三向应力圆

将三个坐标轴方向取在三个互相垂直的主应力方向上,选取如图 7-43(a)所示的单元体。

首先分析与主应力 σ_3 平行的斜截面 $abcd$ 上的应力。不难看出,该截面的应力 σ_α 和 τ_α 仅与主应力 σ_1 与 σ_2 有关[图 7-43(b)]。所以,在 σ、τ 坐标平面内,与该类斜截面对应的点,必位于由 σ_1 与 σ_2 所确定的应力圆上(图 7-44)。同理,与主应力 σ_2(或 σ_1)平行的各截面的应力,则可由 σ_1 与 σ_3(或 σ_2 与 σ_3)所画应力圆确定。

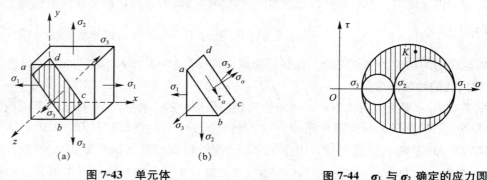

图 7-43 单元体   图 7-44 σ_1 与 σ_2 确定的应力圆

至于与三个主应力均不平行的任意斜截面 ABC(图 7-45),由四面体 $OABC$ 的平衡可得该截面的正应力与切应力分别为

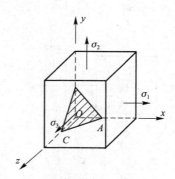

图 7-45 任意斜截面

$$\sigma_n = \sigma_1\cos^2\alpha + \sigma_2\cos^2\beta + \sigma_3\cos^2\gamma \tag{7-33}$$

$$\tau_n = \sqrt{\sigma_1^2\cos^2\alpha + \sigma_2^2\cos^2\beta + \sigma_3^2\cos^2\gamma - \sigma_n^2} \tag{7-34}$$

式中,α、β、γ 分别代表斜截面 ABC 的外法线与 x、y、z 轴的夹角。利用上述关系可以证

明，在 $\sigma\tau$ 坐标平面内，与上述截面对应的点 $K(\sigma_n, \tau_n)$ 必位于图 7-44 所示三圆所构成的阴影区域。

2. 最大应力

综上所述，在 $\sigma\tau$ 坐标平面内，代表任一截面的应力的点，或位于应力圆上，或位于由上述三圆所构成的阴影区域。由此可见，一点处的最大与最小正应力分别为最大与最小主应力，即

$$\sigma_{\max} = \sigma_1 \tag{7-35}$$
$$\sigma_{\min} = \sigma_3 \tag{7-36}$$

而最大切应力则为

$$\tau_{\max} = \frac{\sigma_1 - \sigma_3}{2} \tag{7-37}$$

并位于与 σ_1 及 σ_3 均成 $45°$ 的截面。

上述结论同样适用于单向和双向应力状态。

7.7.5 空间应力状态的广义胡克定律

1. 双向应力状态的广义胡克定律

双向应力状态下的广义胡克定律：

$$\left. \begin{array}{l} \varepsilon_1 = \varepsilon_1' + \varepsilon_1'' = \dfrac{\sigma_1}{E} - \upsilon \dfrac{\sigma_2}{E} \\ \varepsilon_2 = \varepsilon_1' + \varepsilon_2'' = \dfrac{\sigma_2}{E} - \upsilon \dfrac{\sigma_1}{E} \end{array} \right\} \tag{7-38}$$

2. 空间应力状态下的广义胡克定律

同理，三向应力状态[图 7-46(a)]下的广义胡克定律为

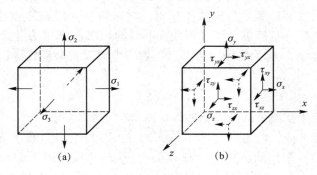

图 7-46 三向应力状态

(a)三向应力状态；(b)空间应力状态

$$\left. \begin{array}{l} \varepsilon_1 = \dfrac{1}{E} [\sigma_1 - \upsilon(\sigma_2 + \sigma_3)] \\ \varepsilon_1 = \dfrac{2}{E} [\sigma_2 - \upsilon(\sigma_3 + \sigma_1)] \\ \varepsilon_1 = \dfrac{3}{E} [\sigma_1 - \upsilon(\sigma_1 + \sigma_2)] \end{array} \right\} \tag{7-39}$$

对于空间应力状态[图 7-45(b)]，即单元体上既作用有正应力 σ_x、σ_y、σ_z，又作用有切应力 τ_{xy}、τ_{zx}、τ_{yz}，则正应力 σ_x、σ_y、σ_z 与沿 x、y、z 方向的线应变 ε_x、ε_y、ε_z 的关系为

$$\left.\begin{aligned}\varepsilon_x&=\frac{1}{E}[\sigma_x-\upsilon(\sigma_y+\sigma_z)]\\ \varepsilon_y&=\frac{1}{E}[\sigma_y-\upsilon(\sigma_z+\sigma_x)]\\ \varepsilon_z&=\frac{1}{E}[\sigma_z-\upsilon(\sigma_x+\sigma_y)]\end{aligned}\right\} \quad (7\text{-}40)$$

切应变 γ_{xy}、γ_{yz}、γ_{zx} 与切应力 τ_{xy}、τ_{yz}、τ_{zx} 之间的关系为

$$\left.\begin{aligned}\gamma_{xy}&=\frac{\tau_{xy}}{G}\\ \gamma_{yz}&=\frac{\tau_{yz}}{G}\\ \gamma_{zx}&=\frac{\tau_{zx}}{G}\end{aligned}\right\} \quad (7\text{-}41)$$

式(7-40)、式(7-41)即一般空间应力状态下、线弹性范围内、小变形条件下各向同性材料的广义胡克定律。

7.7.6 强度理论的概念

构件的强度问题是材料力学所研究的最基本问题之一。通常认为，当构件承受的荷载达到一定大小时，其材料就会在应力状态最危险的一点处首先发生破坏。故为了保证构件能正常的工作，必须找出材料进入危险状态的原因，并根据一定的强度条件设计或校核构件的截面尺寸。

各种材料因强度不足而引起的失效现象是不同的。如以普通碳钢为代表的塑性材料，以发生屈服现象、出现塑性变形为失效的标志；对以铸铁为代表的脆性材料，失效现象则是突然断裂。在单向应力状态下，出现塑性变形时的屈服点 σ_s 和发生断裂时的强度极限 σ_b 可由试验测定。σ_s 和 σ_b 统称为失效应力，以失效应力除以安全系数得到许用应力 $[\sigma]$，于是建立强度条件为

$$\sigma \leqslant [\sigma]$$

可见，在单向应力状态下，强度条件都是以试验为基础的。

实际构件危险点的应力状态往往不是单向的。进行复杂应力状态下的试验，要比单向拉伸或压缩困难得多。常用的方法是将材料加工成薄壁圆筒(图 7-47)，在内压 p 作用下，筒壁为双向应力状态。如再配以轴向拉力 F，可使两个主应力之比等于各种预定的数值。这种薄壁筒试验除了作用内压和轴力外，有时还在两端作用扭矩，这样还可得到更普遍的情况。另外，有一些实现复杂应力状态的其他试验方法。尽管如此，要完全复原实际中遇到的各种复杂应力状态并不容易，况且复杂应力状态中应力组合的方式和比值又有各种可能。如果像单向拉伸一样，靠试验来确定失效状态，建立强度条件，则必须对各种各样的应力状态一一进行试验，确定失效应力，然后建

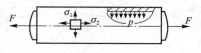

图 7-47 薄壁圆筒

立强度条件。由于技术上的困难和工作的繁重，往往是难以实现的。解决这类问题，经常是

依据部分试验结果,经过推理提出一些假说,推测材料失效的原因,从而建立强度条件。

经过分析和归纳发现,尽管失效现象比较复杂,强度不足引起的失效现象主要还是屈服和断裂两种类型。同时,衡量受力和变形程度的量包括应力、应变和变形能等。人们在长期的生产活动中,综合分析材料的失效现象和资料,对强度失效提出了各种假说。这类假说认为,材料之所以按某种方式(断裂或屈服)失效,是应力、应变或变形能等因素中某一因素引起的。按照这类假说,无论是简单应力状态还是复杂应力状态,引起失效的因素是相同的。也就是说,造成失效的原因与应力状态无关。这类假说称为**强度理论**。利用强度理论,便可由简单应力状态的试验结果,建立复杂应力状态下的强度条件。至于某种强度理论是否成立,在什么条件下能够成立,还必须经受科学试验和生产实践的检验。

本节只介绍四种常用强度理论,这些都是在常温、静载下,适用于均匀、连续、各向同性材料的强度理论。当然,强度理论远不止这几种,而且现有的各种强度理论还不能说已经圆满地解决所有的强度问题,这方面还有待发展。

1. 四种常用强度理论

前面提到,强度失效的主要形式有屈服和断裂两种。相应地,强度理论也分成两类,一类是解释断裂失效的,其中有最大拉应力理论和最大伸长线应变理论;另一类是解释屈服失效的,其中有最大切应力理论和形状改变比能理论。

(1) **最大拉应力理论(第一强度理论)**。意大利科学家伽利略(Galilei)于1638年在《两种新的科学》一书中首先提出最大正应力理论,后来经过修正为最大拉应力理论,由于它是最早提出的强度理论,所以也称为第一强度理论。这一理论认为:最大拉应力是使材料发生断裂破坏的主要因素。即认为无论是什么应力状态,只要最大拉应力达到与材料性质有关的某一极限值,材料就发生断裂。既然最大拉应力的极限值与应力状态无关,于是就可用单向应力状态确定这一极限值。单向拉伸时只有 σ_1 ($\sigma_2=\sigma_3=0$),当 σ_1 达到强度极限 σ_b 时即发生断裂。故据此理论得知,无论是什么应力状态,只要最大拉应力 σ_1 达到 σ_b 就导致断裂。故得断裂准则为

$$\sigma_1 = \sigma_b \tag{7-42}$$

将极限应力 σ_b 除以安全系数得许用应力 $[\sigma]$,故按第一强度理论建立的强度条件为

$$\sigma_1 \leqslant [\sigma] \tag{7-43}$$

试验证明,这一理论与铸铁、陶瓷、玻璃、岩石和混凝土等脆性材料的拉断试验结果相符,例如,由铸铁制成的构件,无论它是在简单拉伸、扭转、双向或三向拉伸的复杂应力状态下,其脆性断裂破坏总是发生在最大拉应力所在的截面上。但是这一理论没有考虑其他两个主应力的影响,且对没有拉应力的状态(如单向压缩、三向压缩等)也无法应用。

(2) **最大伸长线应变理论(第二强度理论)**。法国科学家马里奥(E. Mariotte)在1682年提出最大线应变理论,后经修正为最大伸长线应变理论。这一理论认为:最大伸长线应变是引起断裂的主要因素。即认为无论什么应力状态,只要最大伸长线应变 ε_1 达到与材料性质有关的某一极限值时,材料即发生断裂。ε_1 的极限值既然与应力状态无关,就可由单向拉伸来确定。设单向拉伸直到断裂仍可用胡克定律计算应变,则拉断时伸长线应变的极限值应为 σ_b/E。按照这一理论,任意应力状态下,只要 ε_1 达到极限值 σ_b/E,材料就发生断裂。故得断裂准则为

$$\varepsilon_1 = \frac{\sigma_b}{E} \tag{a}$$

由广义胡克定律

$$\varepsilon_1 = \frac{1}{E}[\sigma_1 - \upsilon(\sigma_2 + \sigma_3)]$$

代入式(a)得到断裂准则

$$\sigma_1 - \upsilon(\sigma_2 + \sigma_3) = \sigma_b \tag{7-44}$$

将 σ_b 除以安全系数得许用应力$[\sigma]$，于是按第二强度理论建立的强度条件为

$$\sigma_1 - \upsilon(\sigma_2 + \sigma_3) \leqslant [\sigma] \tag{7-45}$$

石料或混凝土等脆性材料受轴向压缩时，如在试验机与试块的接触面上加添润滑剂，以减小摩擦力的影响，试块将沿垂直于压力的方向裂开，裂开的方向也就是 ε_1 的方向。铸铁在拉-压双向应力且压应力较大的情况下，试验结果也与这一理论接近。按照这一理论，铸铁在双向拉伸时应比单向拉伸安全，但试验结果并不能证实这一点。在这种情况下，第一强度理论比较接近试验结果。

(3) **最大切应力理论(第三强度理论)**。法国科学家库仑(C. A. Coulomb)在1773年提出最大切应力理论，这一理论认为：最大切应力是引起屈服的主要因素。即认为无论什么应力状态，只要最大切应力 τ_{max} 达到与材料性质有关的某一极限值，材料就发生屈服。在单向拉伸下，当横截面上的拉应力到达极限应力 σ_s 时，与轴线成45°的斜截面上相应的最大切应力为 $\tau_{max} = \sigma_s/2$，此时材料出现屈服。可见 $\sigma_s/2$ 就是导致屈服的最大切应力的极限值。因这一极限值与应力状态无关，故在任意应力状态下，只要 τ_{max} 达到 $\sigma_s/2$，就引起材料的屈服。由于对任意应力状态有 $\tau_{max} = (\sigma_1 - \sigma_3)/2$，于是得屈服准则为

$$\frac{\sigma_1 - \sigma_3}{2} = \frac{\sigma_s}{2} \tag{b}$$

或

$$\sigma_1 - \sigma_3 = \sigma_s \tag{7-46}$$

将 σ_s 除以安全系数得许用应力$[\sigma]$，得到按第三强度理论建立的强度条件为

$$\sigma_1 - \sigma_3 \leqslant [\sigma] \tag{7-47}$$

最大切应力理论较为满意地解释了屈服现象。例如，低碳钢拉伸时沿与轴线成45°的方向出现滑移线，这是材料内部沿这一方向滑移的痕迹。根据这一理论得到的屈服准则和强度条件，形式简单，概念明确，目前广泛应用于机械工业中。但该理论忽略了中间主应力 σ_2 的影响，使得在双向应力状态下，按这一理论所得的结果与试验值相比偏于安全。

(4) **形状改变比能理论(第四强度理论)**。意大利力学家贝尔特拉密(E. Beltrami)在1885年提出能量理论，1904年胡伯(M. T. Huber)将其修正为形状改变比能理论。胡伯认为形状改变比能是引起屈服的主要因素。即认为无论什么应力状态，只要形状改变比能 u_f 达到与材料性质有关的某一极限值，材料就发生屈服。单向拉伸时屈服点为 σ_s，相应的形状改变比能为 $\frac{1+\mu}{6E}(2\sigma_s^2)$，这就是导致屈服的形状改变比能的极限值。对任意应力状态，只要形状改变比能 u_f 达到上述极限值，便引起材料的屈服。故形状改变比能屈服准则为

$$u_f = \frac{1+\mu}{6E}(2\sigma_s^2) \tag{c}$$

在任意应力状态下，形状改变比能为

$$u_f = \frac{1+\mu}{6E}[(\sigma_1 - \sigma_2)^2 + (\sigma_2 - \sigma_3)^2 + (\sigma_3 - \sigma_1)^2]$$

代入式(c)，整理后得屈服准则为

$$\sqrt{\frac{1}{2}[(\sigma_1-\sigma_2)^2+(\sigma_2-\sigma_3)^2+(\sigma_3-\sigma_1)^2]}=\sigma_s \tag{7-48}$$

将 σ_s 除以安全系数得许用应力$[\sigma]$，于是，按第四强度理论得到的强度条件为

$$\sqrt{\frac{1}{2}[(\sigma_1-\sigma_2)^2+(\sigma_2-\sigma_3)^2+(\sigma_3-\sigma_1)^2]}\leqslant[\sigma] \tag{7-49}$$

若将 $\tau_1=\dfrac{\sigma_2-\sigma_3}{2}$、$\tau_2=\dfrac{\sigma_3-\sigma_1}{2}$、$\tau_3=\dfrac{\sigma_1-\sigma_2}{2}$、$\tau_s=\dfrac{\sigma_s}{2}$

代入式(7-49)，即得到

$$\sqrt{\frac{1}{2}(\tau_1^2+\tau_2^2+\tau_3^2)}=\tau_s \tag{d}$$

式(d)是根据形状改变比能理论建立的屈服准则的另一种表达形式。由此可以看出，这个理论在本质上仍然认为切应力是使材料屈服的决定性因素。

钢、铜、铝等塑性材料的薄管试验表明，这一理论与试验结果相当接近，它比第三强度理论更符合试验结果。

可以把四个强度理论的强度条件写成以下的统一形式

$$\sigma_r\leqslant[\sigma] \tag{7-50}$$

式中，σ_r 称为相当应力。它是由三个主应力按一定形式组合而成的，实质上是个抽象的概念，即 σ_r 是与复杂应力状态危险程度相当的单轴拉应力(图 7-48)。按照从第一强度理论到第四强度理论的顺序，相当应力分别为

$$\left.\begin{aligned}\sigma_{r1}&=\sigma_1\\ \sigma_{r2}&=\sigma_1-\upsilon(\sigma_2+\sigma_3)\\ \sigma_{r3}&=\sigma_1-\sigma_3\\ \sigma_{r4}&=\sqrt{\frac{1}{2}[(\sigma_1-\sigma_2)^2+(\sigma_2-\sigma_3)^2+(\sigma_3-\sigma_1)^2]}\end{aligned}\right\} \tag{7-51}$$

以上介绍了四种常用的强度理论。铸铁、石料、混凝土、玻璃等脆性材料，通常以断裂的形式失效，宜采用第一和第二强度理论。碳钢、铜、铝等塑性材料，通常以屈服的形式失效，宜采用第三和第四强度理论。

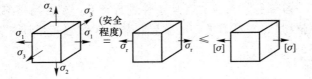

图 7-48 相当应力

应该指出，不同材料固然可以发生不同形式的失效，但即使是同一材料，处于不同应力状态下也可能有不同的失效形式。例如，碳钢在单向拉伸下以屈服的形式失效，但碳钢制成的螺纹根部因应力集中引起三向拉伸就会出现断裂；又如铸铁单向受拉时以断裂的形式失效，但淬火钢球压在厚铸铁板上，接触点附近的材料处于三向受压状态，随着压力的增大，铸铁板会出现明显的凹坑，这表明已出现屈服现象。无论是塑性材料还是脆性材料，在三向拉应力相近的情况下，都将以断裂的形式失效，在三向压应力相近的情况下，都可引起塑性变形。

因此，把塑性材料和脆性材料理解为材料处于塑性状态或脆性状态更为确切些。

应用强度理论解决实际问题的步骤如下：

(1)分析计算构件危险点上的应力。

(2)确定危险点的主应力 σ_1、σ_2 和 σ_3。

(3)选用适当的强度理论计算其相当应力 σ_r，然后运用强度条件 $\sigma_r \leqslant [\sigma]$ 进行强度计算。

本章小结

(1)梁平面弯曲时，横截面上一般有剪力和弯矩两种内力。与此相对应的应力也有剪应力和正应力两种。剪应力与截面相切，而正应力与截面垂直。

(2)梁平面弯曲时正应力计算公式为

$$\sigma = \frac{M}{I_z} y$$

正应力在横截面上沿高度成线性分布，在中性轴处正应力为零，截面上下边缘处正应力最大。

(3)梁平面弯曲时剪应力计算公式为

$$\tau = \frac{F_Q S_z^*}{I_z b}$$

这个公式是由矩形截面梁推出的，但也可推广应用于关于梁纵向对称面对称的其他截面形式，如工字形、T 形截面梁等。对不同截面梁计算时，应注意代入相应的 b 和 S_z^*。剪应力沿截面高度呈二次抛物线规律分布，中性轴处的剪应力最大。

(4)梁的强度计算中，正应力强度条件和剪应力强度条件必须同时满足。其计算公式为

$$\sigma_{\max} = \frac{M_{\max}}{W_z} \leqslant [\sigma]$$

$$\tau_{\max} = \frac{F_{Q\max} S_{z\max}^*}{I_z b} \leqslant [\tau]$$

对于一般梁正应力强度条件起控制作用，剪应力是次要的，即满足正应力强度条件时，一般剪应力强度条件也能得到满足。因此，在应用强度条件解决强度校核、选取截面和确定容许荷载问题时，一般都先按正应力强度条件进行计算，然后用剪应力强度条件校核。

(5)对于截面几何性质，需要掌握形心位置、静矩和惯性矩的计算，主要是对有规则图形组成的不规则图形的计算。

(6)应力状态分析。

1)点的应力状态，是研究受力构件上一点在各个不同方位截面上的应力情况。研究应力状态的目的就是分析材料在复杂应力状态下的失效规律。研究方法是在构件内取出一个微小的正六面体为研究对象。这个微小的正六面体就称为单元体。

2)单元体上剪应力为零的平面称为主平面，主平面上的正应力称为主应力。主应力是单元体上各截面上正应力的极值。对于构件上任意一点，都存在三个相互垂直的主平面和三个相应的主应力 σ_1、σ_2 和 σ_3，且 $\sigma_1 > \sigma_2 > \sigma_3$。按主应力不为零的数目，将点的应力状态分为单向应力状态、双向应力状态和三向应力状态，单向和双向应力状态又称为平面应力状态，三向应力状态又称为空间应力状态。单向应力状态又称为简单的应力状态，双向和

三向应力状态又称为复杂的应力状态。

3）对于平面应力状态下，可以确定出主应力为

$$\begin{matrix}\sigma_1\\\sigma_2\end{matrix}=\begin{matrix}\sigma_{\max}\\\sigma_{\min}\end{matrix}=\frac{\sigma_x+\sigma_y}{2}\pm\sqrt{\left(\frac{\sigma_x-\sigma_y}{2}\right)^2+\tau_x^2}$$

主平面的方位角 $\tan 2\alpha_0=-\dfrac{2\tau_x}{\sigma_x-\sigma_y}$。

4）最大剪应力和最小剪应力为 $\tau_{\max}=\pm\sqrt{\left(\dfrac{\sigma_x-\sigma_y}{2}\right)^2+\tau_x^2}$。

最大剪应力和最小剪应力的作用面的方位角 $\tan 2\alpha_1=\dfrac{\sigma_x-\sigma_y}{2\tau_x}$。

且最大剪应力的作用面与主应力的作用面成45°。

最大剪应力与主应力之间的关系是 $\tau_{\max}=\dfrac{\sigma_1-\sigma_3}{2}$。

5）应力圆是平面应力状态分析的图解法。应力圆在 σ、τ 为纵横坐标轴的平面内，圆心在 $\left(\dfrac{\sigma_x+\sigma_y}{2},0\right)$，半径为 $\sqrt{\left(\dfrac{\sigma_x-\sigma_y}{2}\right)^2+\tau_x^2}$。

（7）强度理论。强度理论是关于材料失效原因的假说，是在复杂应力状态下建立构件强度条件的理论依据。材料失效的形式有流动失效（塑性失效或屈服失效）和脆性断裂两种。

常用的四种强度理论的强度条件是 $\sigma_r \leqslant [\sigma]$，其中

$$\sigma_{r1}=\sigma_1$$
$$\sigma_{r2}=\sigma_1-v(\sigma_2+\sigma_3)$$
$$\sigma_{r3}=\sigma_1-\sigma_3$$
$$\sigma_{r4}=\sqrt{\frac{1}{2}\left[(\sigma_1-\sigma_2)^2+(\sigma_2-\sigma_3)^2+(\sigma_3-\sigma_1)^2\right]}$$

第一、二强度理论适用于脆性材料，第三、四强度理论适用于塑性材料，但是每一种强度理论的应用还应注意根据构件具体的受力情况。

习 题

7-1 试求图 7-49 所示各梁在点 C 和 D 处截面上的剪力和弯矩。

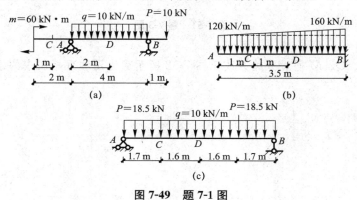

图 7-49 题 7-1 图

7-2 列出图 7-50 所示各梁的剪力、弯矩方程，作出剪力图和弯矩图并求出 $|Q|_{max}$ 与 $|M|_{max}$。

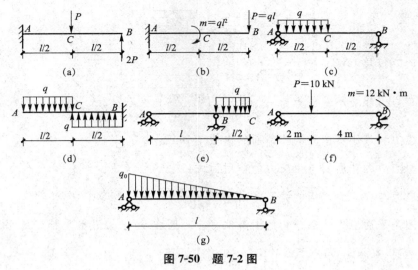

图 7-50 题 7-2 图

7-3 根据 $q(x)$、$Q(x)$、$M(x)$ 间的微分关系作图 7-51 所示各梁的剪力图和弯矩图。

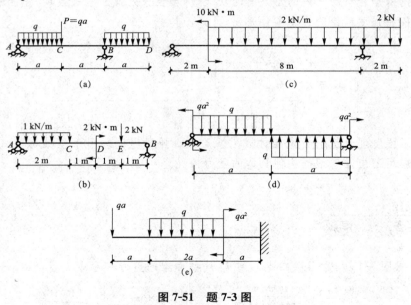

图 7-51 题 7-3 图

7-4 根据 q、Q、M 间微分关系改正图 7-52 所示剪力图和弯矩图中的错误。

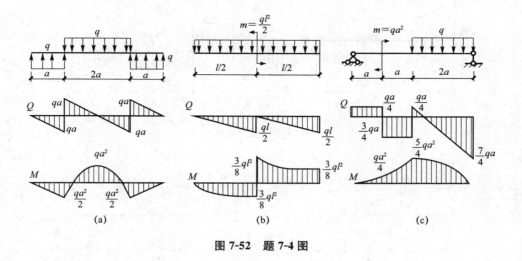

图 7-52 题 7-4 图

7-5 试判断图 7-53 所示各梁的弯矩图是否正确。如有错误，指出产生错误的原因并加以改正。

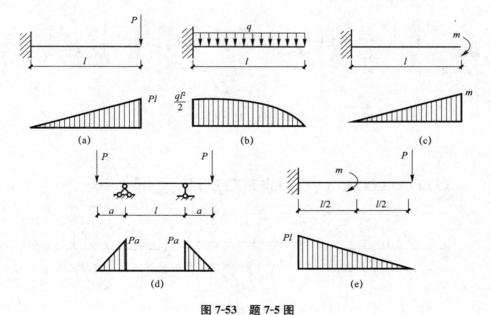

图 7-53 题 7-5 图

7-6 梁剪力图如图 7-54 所示，已知梁上无集中力偶，试作梁的荷载图与弯矩图。

7-7 梁弯矩图如图 7-55 所示，试作梁的荷载图和剪力图。

7-8 用叠加原理作图 7-56 所示梁的弯矩图。

7-9 作图 7-57 所示(a)、(b)、(c)三组梁的弯矩图，并比较其最大弯矩值，从中可以得出什么结论？

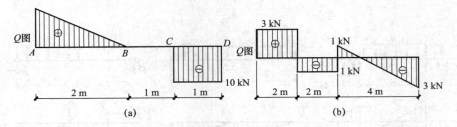

图 7-54 题 7-6 图

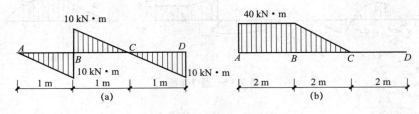

图 7-55 题 7-7 图

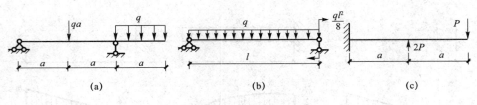

图 7-56 题 7-8 图

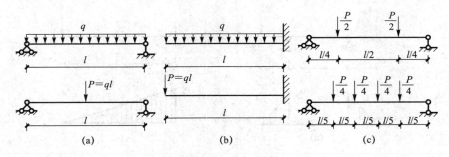

图 7-57 题 7-9 图

第 8 章 组合变形

本章介绍组合变形的有关概念、斜弯曲的强度计算方法和偏心压缩的强度计算方法等知识,这是应用力学的一个重要内容。

8.1 斜弯曲

8.1.1 组合变形的概念

前面章节中讨论了杆件在荷载作用下产生四种基本变形,即轴向拉(压)、剪切、扭转和平面弯曲。但在实际工程中,很多杆件受力后产生的变形并不是单一的基本变形,而是同时产生两种或两种以上的基本变形,这类变形被称为组合变形。例如,烟囱[图 8-1(a)]除因自重引起的轴向压缩外,还受水平分力作用而弯曲;屋架上檩条[图 8-1(b)]的变形是由在两个方向平面弯曲的组合;厂房牛腿桩[图 8-1(c)]在偏心力 P 作用下,除产生轴向压缩外,还产生弯曲;卷扬机轴[图 8-1(d)]在 P 力作用下既产生扭转变形,也产生弯曲变形;悬臂起重机水平臂[图 8-1(e)]同时产生轴向压缩和弯曲变形。

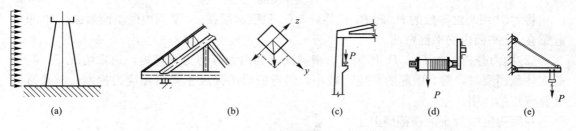

图 8-1 组合变形
(a)烟囱变形;(b)檩条变形;(c)牛腿桩变形;(d)卷扬机轴变形;(e)水平臂变形

在小变形和胡克定律适用的前提下,可以应用叠加原理来处理杆件的组合变形问题。组合变形杆件的强度计算,通常按下述步骤进行:
(1)将作用于组合变形杆件上的外力分解或简化为基本变形的受力方式;
(2)应用以前各章的知识对这些基本变形进行应力计算;
(3)将各基本变形同一点处的应力进行叠加,以确定组合变形时各点的应力;
(4)分析确定危险点的应力,建立强度条件。
通过以上步骤可知,组合变形杆件的计算是前面各章内容的综合运用。

8.1.2 正应力计算

在研究梁平面弯曲时的应力和变形的过程中,梁上的外力是横向力或力偶,并且作用在梁的同一个纵向对称平面内。如果梁上的外力虽然通过截面形心，但没有作用在纵向对称平面内，则梁变形后的挠曲线就不会在外力作用平面内，即不再是平面弯曲，这种弯曲称为斜弯曲。

1. 正应力计算

矩形截面悬臂梁[图8-2(a)]，在自由端截面形心处，作用有集中力 P，设截面形心主轴为 y、z 轴；P 与梁轴垂直，与截面铅垂轴 y 夹角为 φ，P 位于第一象限内。下面来讨论此悬臂梁的应力。

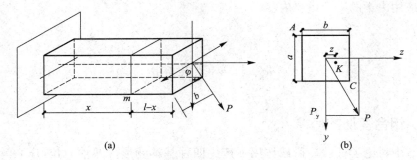

图 8-2　正应力

(a)悬臂梁；(b)分解外力

(1)分解外力。将力 P 沿 y 轴和 z 轴方向分解，得到力 P 在梁的两个纵(横)向对称平面内的分力，如图8-2(b)所示。

$$P_y = P\cos\varphi \tag{a}$$

$$P_z = P\sin\varphi \tag{b}$$

将力 P 用与之等效的 P_y 和 P_z 代替后，P_y 只引起梁在 xy 平面内的平面弯曲，P_z 只引起梁在 xz 平面内的平面弯曲。

(2)内力分析。在 P_y、P_z 作用下，横截面上的内力有剪力和弯矩，通常情况下，特别是实体截面梁时，剪力引起的剪应力较小，斜弯曲梁的强度主要由正应力控制，故通常只计算弯矩的作用。

在距固定端为 x 的横截面上

P_y 产生的弯矩：　　$M_z = P_y(l-x) = P\cos\varphi(l-x) = M\cos\varphi$

P_z 产生的弯矩：　　$M_y = P_z(l-x) = P\sin\varphi(l-x) = M\sin\varphi$

式中　$M = P(l-x)$——力 P 引起的 x 截面的总弯矩 $M = \sqrt{M_y^2 + M_z^2}$。

(3)应力分析。应用叠加原理可求得 $m-m$ 截面上任意点 $K(y, z)$ 处的应力[图8-2(b)]。先分别计算两个平面弯矩在点 K 产生的应力。

M_z 引起的应力　　　$\sigma' = -\dfrac{M_z y}{I_z} = -\dfrac{M \cdot \cos\varphi \cdot y}{I_z}$ 　　　　(c)

M_y 引起的应力　　　$\sigma'' = -\dfrac{M_y z}{I_y} = -\dfrac{M \cdot \sin\varphi \cdot z}{I_y}$ 　　　　(d)

以上两式中的负号是因为点 K 的应力均是压应力，则点 K 处的应力 σ 应为(c)、(d)两式的代数和，即

$$\sigma = \sigma' + \sigma'' = -\dfrac{M_z y}{I_z} - \dfrac{M_y z}{I_y} = -M\left(\dfrac{\cos\varphi}{I_z} y + \dfrac{\sin\varphi}{I_y} z\right) \tag{8-1}$$

应用式(8-1)计算任意一点处的应力时，M_z、M_y、y、z 均以绝对值代入，应力 σ' 与 σ'' 的正负号可直接由弯矩的正负号来判断。如图 8-3(a)、(b)所示，$m-m$ 截面在 M_z 单独作用下，上半截面为拉应力区，下半截面为压应力区，在 M_y 单独作用下，左半截面为拉应力区，右半截面为压应力区。σ' 和 σ'' 叠加后的正负号和大小如图 8-3(c)所示。

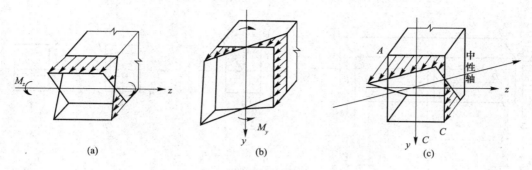

图 8-3　任意截面应力

矩形、工字形形等截面具有两个对称轴，最大正应力必定发生在棱角点上[图 8-3(c)]。将点 A 或点 C 的坐标代入式(8-1)，便可求得任意截面上的最大正应力值。对于等截面梁而言，产生最大弯矩的截面就是危险截面，危险截面上 $|\sigma_{max}|$ 所处的位置即危险点。

如图 8-2 所示，悬臂梁的固定端截面弯矩最大，截面棱角点 A 处具有最大拉应力，棱角点 C 处具有最大压应力[图 8-3(c)]。因为 $|y_A|=|y_C|=y_{max}$，$|z_A|=|z_C|=z_{max}$，所以 $|\sigma_{max}|=|\sigma_{min}|$。危险点的应力为

$$|\sigma_{max}| = \frac{M_{zmax}y_{max}}{I_z} + \frac{M_{ymax}z_{max}}{I_y} = \frac{M_{zmax}}{W_z} + \frac{M_{ymax}}{W_y} \tag{8-2}$$

式中，$W_z = \dfrac{I_z}{y_{max}}$，$W_y = \dfrac{I_y}{z_{max}}$。

2. 正应力强度条件

在进行强度计算时，应先判断危险面，再计算危险截面上的最大正应力。图 8-2 所示的悬臂梁，其固定端截面上的弯矩最大，是危险截面。由应力分布规律可知角点 A 和 C 是危险点，其中 A 点处有最大拉应力，C 点处有最大压应力，且 $|\sigma_{lmax}|=|\sigma_{ymax}|$。故最大应力为

$$|\sigma_{lmax}| = \frac{M_{zmax}y_{max}}{I_z} + \frac{M_{ymax}z_{max}}{I_y} = \frac{M_{zmax}}{W_z} + \frac{M_{ymax}}{W_y} \tag{8-3}$$

式中，$W_z = \dfrac{I_z}{y_{max}}$，$W_y = \dfrac{I_y}{z_{max}}$。

若材料的抗拉与抗压强度相等，则相对强度条件为

$$|\sigma_{lmax}| = \frac{M_{zmax}}{W_z} + \frac{M_{ymax}}{W_y} \leqslant [\sigma] \tag{8-4a}$$

或写为

$$|\sigma_{lmax}| = M_{max}\left(\frac{\cos\varphi}{W_z} + \frac{\sin\varphi}{W_y}\right) = \frac{M_{max}}{W_z}\left(\cos\varphi + \frac{W_z}{W_y}\sin\varphi\right) \leqslant [\sigma] \tag{8-4b}$$

运用上述强度条件，同样可以对斜弯曲梁进行强度校核、选择截面和确定许可荷载三类问题的计算。

【例 8-1】 如图 8-4(a)所示，矩形截面悬臂梁长 l，力 F 作用于截面形心处，方向如图 8-4(b)所示。截面尺寸 h、b 为已知，求梁上的最大拉应力和最大压应力以及所在的位置。

解:(1)分解外力。

$$F_y = F\cos\varphi, \quad F_z = F\sin\varphi$$

(2)计算内力。在固定处有 F_y 引起 $M_{y\max} = F_y l = Fl\cos\varphi$,上部受拉,如图 8-4(c)所示。$F_z$ 引起 $M_{z\max} = F_z l = Fl\sin\varphi$,后部受拉,前部受压,如图 8-4(d)所示。

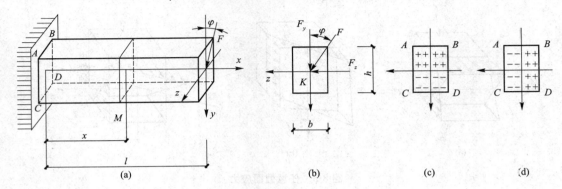

图 8-4 例 8-1 图

(3)计算应力。显然,在固定端的 B 点,有最大拉应力,C 点有最大压应力,它们大小相等,具体为

$$\sigma_{\max} = |\sigma_{y\max}| = |\sigma_{l\max}| = \frac{M_{y\max}}{W_z} + \frac{M_{z\max}}{W_y} = \frac{6Fl\cos\varphi}{bh^2} + \frac{6Fl\sin\varphi}{b^2h} = \frac{6Fl}{bh}\left(\frac{\cos\varphi}{h} + \frac{\sin\varphi}{b}\right)$$

【例 8-2】 屋面结构中的木檩条,跨长 $l = 3$ m,受集度 $q = 800$ N/m 的均布荷载作用(图 8-5)。檩条采用高宽比 $h/b = 3/2$ 的矩形截面,容许应力 $[\sigma] = 10$ MPa,试选择其截面尺寸。

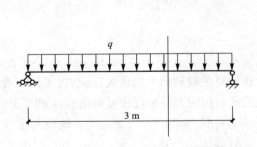

图 8-5 例 8-2 图

解:(1)分解外力。

$$q_y = q\cos 30° = 800 \times 0.866 = 692.8 \text{(N/m)}$$
$$q_z = q\sin 30° = 800 \times 0.5 = 400 \text{(N/m)}$$

(2)计算梁中 $M_{\max}$。

$$M_{y\max} = \frac{q_z l^2}{8} = \frac{400 \times 3^2}{8} = 450 \text{(N·m)}$$

$$M_{z\max} = \frac{q_y l^2}{8} = \frac{692.8 \times 3^2}{8} = 779.4 \text{(N·m)}$$

(3)设计截面。由于 $W_y = \dfrac{hb^2}{6}$,$W_z = \dfrac{bh^2}{6}$,$\dfrac{W_z}{W_y} = \dfrac{h}{b} = \dfrac{3}{2}$。

代入强度条件：

$$\frac{M_{y\max}}{W_y}+\frac{M_{z\max}}{W_z}\leqslant[\sigma]$$

$$\frac{1}{W_y}\left(\frac{W_z}{W_y}M_{y\max}+M_{z\max}\right)\leqslant[\sigma]$$

得 $W_z\geqslant\dfrac{\dfrac{3}{2}M_{y\max}+M_{z\max}}{[\sigma]}=\dfrac{\left(\dfrac{3}{2}\times450+779.4\right)\times10^3}{10}=145.4\times10^3(\text{mm}^3)$

又因 $W_z=\dfrac{bh^2}{6}=\dfrac{b\left(\dfrac{3}{2}b\right)^2}{6}=0.375b^3\geqslant145.4\times10^3\text{ mm}$

解得 $b\geqslant73\text{ mm}$

$$h=\frac{3}{2}b=\frac{3}{2}\times73=109.5(\text{mm})$$

故取设计截面为 7.5 cm×11 cm 的矩形。

8.2 偏心压缩

轴向压缩的受力特点是压力作用线与杆件轴线相重合。当杆件所受外力的作用线与杆轴平行但不重合，外力作用线与杆轴间有距离时，称为偏心压缩。

8.2.1 单向偏心压缩时的正应力计算

1. 单向偏心压缩时力的简化和截面内力

矩形截面杆(图 8-6)，压力 P 作用在 y 轴的 E 点处，E 点到形心 O 的距离称为偏心距 e，将力 P 向杆端截面形心 O 简化，得到一个轴向力 P 和一个力偶矩 $M_z=P\cdot e$[图 8-6(b)]。杆内任意一个横截面上存在有两种内力：轴力 $N=P$，弯矩 $M_z=P\cdot e$，分别引起轴向压缩和平面弯曲，即偏心压缩实际上是轴向压缩与平面弯曲的组合变形。

2. 单向偏心受压杆截面上的应力及强度条件

偏心受压杆截面上任意一点 K 处的应力，可以由两种基本变形各自在 K 点产生的应力叠加求得。

轴向压缩时[图 8-6(c)]，截面上各点处的应力均相同，压应力的值为

$$\sigma'=-\frac{P}{A}$$

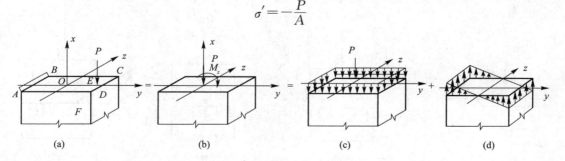

图 8-6 单向偏心受压杆
(a)单向偏心压缩杆；(b)轴向力和力偶矩；(c)轴向压缩；(d)平面弯矩

平面弯矩时[图 8-6(d)]，截面上任意一点 K 处的应力为压应力，其值为

$$\sigma'' = -\frac{M_z y}{I_z}$$

K 点处的总应力为

$$\sigma = \sigma' + \sigma'' = -\frac{P}{A} - \frac{M_z y}{I_z} \tag{8-5}$$

式中　A——横截面面积；

　　　I_z——截面对 z 轴的惯性矩；

　　　Y——所求压力点到 z 轴的距离，计算时代入绝对值。

截面上最大拉应力和最大压应力分别发生在 AB 边缘及 CD 边缘处，其值为

$$\left.\begin{array}{l}\sigma_{\max} = -\dfrac{P}{A} + \dfrac{M_z}{W_z} \\[2mm] \sigma_{\min} = -\dfrac{P}{A} - \dfrac{M_z}{W_z}\end{array}\right\} \tag{8-6}$$

截面上各点均处于单向压力状态，强度条件为

$$\left.\begin{array}{l}\sigma_{\max} = -\dfrac{P}{A} + \dfrac{M_z}{W_z} \leqslant [\sigma_l] \\[2mm] \sigma_{\min} = -\dfrac{P}{A} - \dfrac{M_z}{W_z} \leqslant [\sigma_y]\end{array}\right\} \tag{8-7}$$

对于矩形截面的偏心压缩杆[图 8-7(a)]，由于 $W_z = \dfrac{bh^2}{6}$，$A = bh$，$M_z = P \cdot e$，代入式(8-6)可写成

$$\begin{array}{l}\sigma_{\max} \\ \sigma_{\min}\end{array} = -\left(\dfrac{P}{bh} \mp \dfrac{6Pe}{bh^2}\right) = -\dfrac{P}{bh}\left(1 \pm \dfrac{6e}{h}\right) \tag{8-8}$$

AB 边缘最大拉应力 $\sigma_{\max}$ 的正负号，由式(8-8)中 $\left(1 - \dfrac{6e}{h}\right)$ 确定，可能出现以下三种情况：

(1) 当 $\sigma < \dfrac{h}{6}$ 时，$\sigma_{\max} < 0$，整个截面上均为压应力[图 8-7(b)]。

(2) 当 $\sigma = \dfrac{h}{6}$ 时，$\sigma_{\max} = 0$，整个截面上均为压应力，一个边缘处压力为零[图 8-7(c)]。

(3) 当 $e > \dfrac{h}{6}$ 时，整个截面上有拉应力和压应力，两种压力同时存在[图 8-7(d)]。

可见，偏心距 e 的大小决定着横截面上有无拉应力，而 $e = \dfrac{h}{6}$ 为有无拉应力的分界线。

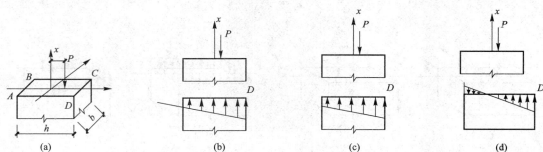

图 8-7　偏心距大小的影响

【例 8-3】 如图 8-8(a)所示，矩形截面牛腿柱柱顶有屋架传来的压力 $P_1=100$ kN，牛腿上承受起重机梁传来的压力 $P_2=30$ kN，P_2 与柱的轴线偏心距 $e=0.2$ m，已知柱的截面宽 $b=180$ mm，试求：

(1)截面高 h 为多大时，才不致使截面上产生拉应力？
(2)在所选 h 尺寸时，柱截面中的最大压应力为多少？

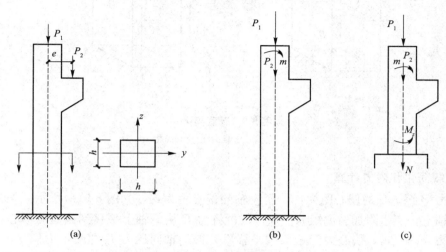

图 8-8　矩形截面牛腿柱

解：(1)将 P_2 向轴线简化，如图 8-8(b)所示，得轴向压力 $P=P_1+P_2=130$ kN，附加力偶矩 $m=P_2e=30\times 0.2=6$ (kN·m)。

(2)用截面法求横截面上的内力，如图 8-8(c)所示。

轴力：$N=-P=-130$ kN

弯矩：$M_z=m=6$ kN·m

(3)要使截面上不产生拉应力，应满足条件：

$$\sigma_{\max}=-\frac{P}{A}+\frac{M_z}{W_z}\leqslant 0$$

$$-\frac{130\times 10^3}{180h}+\frac{6\times 10^6}{\frac{180h^2}{6}}\leqslant 0$$

得　$h\geqslant 277$ mm，取 $h=280$ mm。

(4)最大压应力发生在截面的右边缘上各点处，其值为

$$\sigma_{\min}=-\frac{P}{A}-\frac{M_z}{W_z}=-\frac{130\times 10^3}{180\times 280}-\frac{6\times 10^6}{\frac{180\times 280^2}{6}}=-2.58-2.55=-5.13 \text{(MPa)}$$

8.2.2　双向偏心压缩时的正应力计算

当偏心压力 P 的作用线与柱轴线平行，但不通过截面任一根对称轴时，称为双向偏心压缩，如图 8-9(a)所示。以下讨论双向偏心压缩(拉伸)时应力和强度条件的计算步骤。

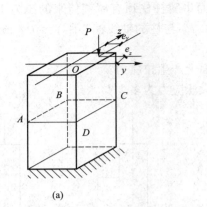 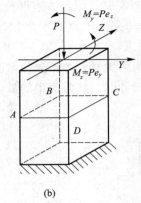

图 8-9 荷载简化

(a)双向偏心压缩;(b)荷载简化

1. 荷载简化和内力计算

设压力 P 至 z 轴的偏心距为 e_y,至 y 轴的偏心距为 e_z,如图 8-9(a)所示。先将压力 P 平移到 z 轴上,产生附加力偶矩 $m_z = Pe_y$,再将力 P 从 z 轴上平移到截面的形心,又产生附加力偶矩 $m_y = Pe_z$。偏心力经过两次平移后,得到轴向压力 P 和两个力偶 m_z、m_y,如图 8-9(b)所示。可见,双向偏心压缩就是轴向压缩和两个相互垂直的平面弯曲的组合。

由截面法可求得任一横截面 $ABCD$ 上的内力为

$$N = P$$
$$M_z = m_z = Pe_y$$
$$M_y = m_y = Pe_z$$

2. 应力计算和强度条件

横截面 $ABCD$ 上任一点 K(坐标 y、z)的应力可用叠加法求得。由轴力 N 引起 K 点的压应力 $\sigma_N = -\dfrac{P}{A}$,由弯矩 M_z 引起 K 点的应力 $\sigma_{M_z} = \pm\dfrac{M_z y}{I_z}$,由弯矩 M_y 引起 K 点的应力 $\sigma_{M_y} = \pm\dfrac{M_y z}{I_y}$,所以,$K$ 点的正应力 $\sigma = \sigma_N + \sigma_{M_z} + \sigma_{M_y}$,即 $\sigma = -\dfrac{P}{A} \pm \dfrac{M_z y}{I_z} \pm \dfrac{M_y z}{I_y}$。

计算时,上式中 P、M_z、M_y、y、z 都可用绝对值代入,式中第二项和第三项前的正负号由观察弯曲变形的情况来判定。如图 8-10 所示,图中最小正应力 $\sigma_{\min}$ 发生在 C 点,最大正应力 $\sigma_{\max}$ 发生在 A 点,其值分别为

$$\left.\begin{aligned}\sigma_{\max} &= -\dfrac{P}{A} + \dfrac{M_z}{W_z} + \dfrac{M_y}{W_z} \\ \sigma_{\min} &= -\dfrac{P}{A} - \dfrac{M_z}{W_z} - \dfrac{M_y}{W_z}\end{aligned}\right\} \tag{8-9}$$

危险点 A、C 都处于单向应力状态,所以强度条件为

$$\left.\begin{aligned}\sigma_{\max} &= -\dfrac{P}{A} + \dfrac{M_z}{W_z} + \dfrac{M_y}{W_z} \leqslant [\sigma^+] \\ \sigma_{\min} &= -\dfrac{P}{A} - \dfrac{M_z}{W_z} - \dfrac{M_y}{W_z} \leqslant [\sigma^-]\end{aligned}\right\} \tag{8-10}$$

【例 8-4】 一端固定并有切槽的杆,如图 8-11 所示。试求最大正应力。

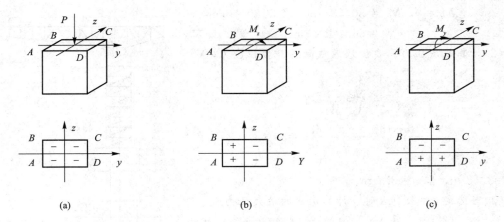

图 8-10 应力计算示意图

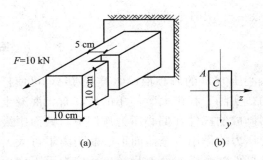

图 8-11 有切槽杆的正应力计算

解：由观察判断，切槽处杆的横截面是危险截面，图 8-11(b)所示。对于该截面，力 F 是偏心拉力。现将力 F 向该截面的形心 C 简化，得到截面上的轴力和弯矩为

$$F_s = F = 10 \text{ kN}$$
$$M_z = F \times 0.05 = 10 \times 0.05 = 0.5 (\text{kN} \cdot \text{m})$$
$$M_y = F \times 0.025 = 10 \times 0.025 = 0.25 (\text{kN} \cdot \text{m})$$

A 点为危险点，该处最大正应力为

$$\sigma_{\max} = \frac{F_N}{A} + \frac{M_z}{W_z} + \frac{M_y}{W_y}$$
$$= \frac{10 \times 10^3}{100 \times 50} + \frac{0.5 \times 10^6}{\frac{50 \times 100^2}{6}} + \frac{0.25 \times 10^6}{\frac{100 \times 10^5}{6}} = 14 (\text{MPa})$$

【例 8-5】 起重机支架的轴线通过基础的中心。已知起重机自重为 180 kN，其作用线通过基础底面 z 轴，且有偏心距 $e = 0.6$ m(图 8-12)，已知基础混凝土的重度为 22 kN/m³，若矩形基础的短边长 3 m，问：(1)其边长的尺寸 a 为多少时使基础底面不产生拉应力？(2)在所选的 a 值之下，基础底面上的最大压应力为多少？

解：(1)用截面法求基础底面内力。

$$\sum X = 0, N = -(180 + 50 + 80 + 3 \times 2.4a \times 22)$$
$$= -(310 + 158.4a)(\text{kN})$$

$$\sum M_y = 0, \quad M_y = 80 \times 8 - 50 \times 4 + 180 \times 0.6$$
$$= 548 \text{ (kN·m)}$$

(2) 计算基底压力。要使基底截面不产生拉应力，必须使

$$\sigma_{\max} = -\frac{N}{A} + \frac{M}{W} = 0$$

即

$$-\frac{310 + 158.4a}{3a} + \frac{548}{\frac{3 \times a^2}{6}} = 0$$

得 $a = 3.68$ m，取 $a = 3.7$ m。

(3) 当选定 $a = 3.7$ m 时，计算基底的最大压力。

$$\sigma_{\max} = -\frac{(310 + 158.4 \times 3.7) \times 10^3}{3 \times 3.7} - \frac{548 \times 10^3}{\frac{3 \times 3.7^2}{6}}$$

$$= -161 \times 10^3 \text{ (Pa)} = -0.161 \text{ MPa}$$

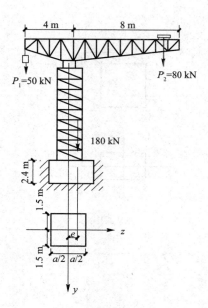

图 8-12　例 8-5 图

8.2.3　截面核心

前面曾经指出，当偏心压力 P 的偏心距 e 小于某值时，可使杆横截面上的正应力全部为压应力而不出现拉应力。实际工程中大量使用的砖、石、混凝土材料，其抗拉能力比抗压能力小得多，这类材料制成的杆件在偏心压力作用下，截面中最好不出现拉应力，以避免拉裂。因此，要求偏心压力的作用点至截面形心的距离不可太大。当荷载作用在截面形心周围的一个区域内时，杆件整个横截面上只产生压应力而不出现拉应力，这个荷载作用的区域就称为**截面核心**。常见的矩形、圆形、工字形、槽形截面核心如图 8-13 所示。

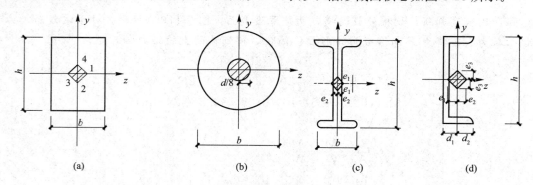

图 8-13　截面核心
(a)矩形截面；(b)圆形截面；(c)工字形截面；(d)槽形截面

▶ 本章小结

本章在各种基本变形的基础上，主要讨论斜弯曲与偏心压缩两种组合变形的强度计算及有关截面核心的概念。

组合变形的应力计算仍采用叠加法。分析组合变形构件强度问题的关键在于：对任意作用的外力进行分解或简化。只要能将组成组合变形的几个基本变形找出，便可应用所熟知的基本变形计算知识来解决。

组合变形杆件强度计算的一般步骤如下：

(1)外力分析：首先，将作用于构件上的外力向截面形心处简化，使其产生几种基本变形形式；

(2)内力分析：分析构件在每一种基本变形时的内力，从而确定出危险截面的位置；

(3)应力分析：根据内力的大小和方向找出危险截面上的应力分布规律，确定出危险点的位置并计算其应力；

(4)强度计算：根据危险点的应力进行强度计算。

斜弯曲与偏心压缩的强度条件为

$$\sigma_{max} \leqslant [\sigma]$$

斜弯曲应力公式

$$\genfrac{}{}{0pt}{}{\sigma_{max}}{\sigma_{min}} = \pm \frac{M_z}{W_z} \pm \frac{M_y}{W_y}$$

强度条件

$$\sigma_{max} = \pm \frac{M_z}{W_z} \pm \frac{M_y}{W_y} \leqslant [\sigma]$$

单向偏心压缩应力公式

$$\genfrac{}{}{0pt}{}{\sigma_{max}}{\sigma_{min}} = -\frac{P}{A} \pm \frac{M_z}{W_z}$$

强度条件

$$\sigma_{max} = -\frac{P}{A} + \frac{M_z}{W_z} \leqslant [\sigma_1]$$

$$\sigma_{min} = -\frac{P}{A} - \frac{M_z}{W_z} \leqslant [\sigma_y]$$

双向偏心压缩应力公式

$$\genfrac{}{}{0pt}{}{\sigma_{max}}{\sigma_{min}} = -\frac{P}{A} \pm \frac{M_z}{W_z} \pm \frac{M_y}{W_y}$$

强度条件

$$\sigma_{max} = -\frac{P}{A} + \frac{M_z}{W_z} + \frac{M_y}{W_y} \leqslant [\sigma_+]$$

$$\sigma_{min} = -\frac{P}{A} - \frac{M_z}{W_z} - \frac{M_y}{W_y} \leqslant [\sigma_-]$$

偏心压缩的杆件，若外力作用在截面形心附近的某一个区域内，杆件整个横截面上只有压应力而无拉应力，则截面上的这个区域称为截面核心。截面核心是工程中很有用的概念，应学会确定工程实际中常见简单图形的截面核心。

习 题

8-1 何谓组合变形？组合变形构件的应力计算是依据什么原理进行的？

8-2 斜弯曲与平面弯曲有何区别？

8-3 何谓偏心压缩？它与轴向拉(压)有什么不同？它和拉(压)与弯曲组合变形是否相同？

8-4 判别图 8-14 所示构件 A、B、C、D 各点处应力的正负号，并画出各点处的应力单元体。

8-5 图 8-15 所示各杆的 AB、BC、CD 各杆段横截面上有哪些内力？各杆段产生什么组合变形？

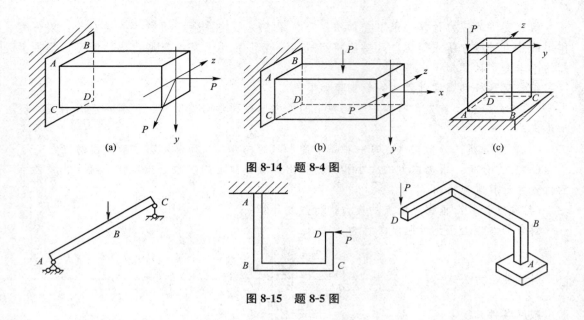

图 8-14 题 8-4 图

图 8-15 题 8-5 图

8-6 图 8-16 所示各杆的变形是由哪些基本变形组合成的？并判定在各基本变形情况下 A、B、C、D 各点处正应力的正负号。

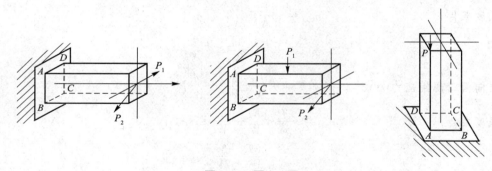

图 8-16 题 8-6 图

8-7 图 8-17 所示的三根短柱受压力 P 作用。试判断在三种情况下，各短柱中的最大压应力的大小和位置。

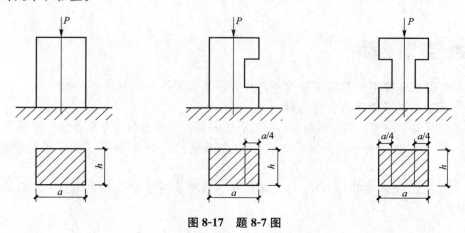

图 8-17 题 8-7 图

8-8 如图 8-18 所示，I25a 工字形钢截面简支梁，其跨中受集中力作用。已知 $l=4$ m，$F=20$ kN，$\varphi=15°$，杆材料的容许应力 $[\sigma]=160$ MPa。试校核梁的正应力强度。

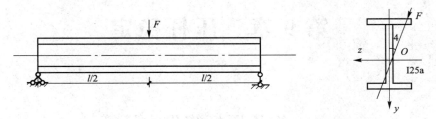

图 8-18 题 8-8 图

8-9 图 8-19 所示水塔盛满水时连同基础总重 $G=2\,000$ kN，在距离地面 $H=15$ m 处受水平风力的合力 $P=60$ kN 作用。圆形基础的直径 $d=6$ m，埋置深度 $h=3$ m，若地基土壤的容许承载力 $[R]=0.2$ MPa，试校核地基土壤的强度。

8-10 砖墙和基础如图 8-20 所示。设在 1 m 长的墙上有偏心力 $P=40$ kN 的作用，且 $e=0.05$ m。试画出 1—1、2—2、3—3 截面上的正应力分布图。

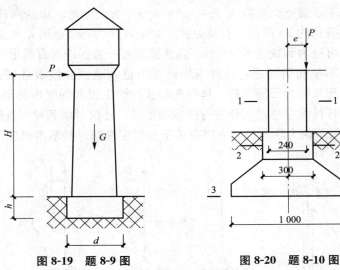

图 8-19 题 8-9 图   图 8-20 题 8-10 图

第 9 章 压杆稳定

9.1 细长压杆临界力计算

9.1.1 压杆稳定的概念

在材料力学中,当作用在细长杆上的轴向压力达到或超过界定限度时,杆件可能会突然变弯。可以做一个简单的试验,如图 9-1 所示。取两根矩形截面的松木条,$A=30 \text{ mm} \times 5 \text{ mm}$,一根杆长为 200 mm,另一根杆长为 1 200 mm。若松木的强度极限 $\sigma_b=40 \text{ MPa}$,按强度考虑,两杆的极限承载能力均应为 $P=\sigma_b A=6\ 000 \text{ N}$。但是,当给两杆缓缓施加压力时会发现,长杆在加载到约 30 N 时,杆就发生了弯曲;当力再增加时,弯曲迅速增大,杆随即折断;而短杆则可受力到接近 6 000 N,且在破坏前一直保持着直线形状。显然,长杆的破坏不是由于强度不足而引起的,这种当轴向压力远未达到强度破坏极限而突然弯曲,从而丧失承载能力的现象称为**压杆失稳**。杆件失稳往往产生很大的变形甚至导致系统破坏。因此,对于轴向受压杆件除应考虑其强度与刚度问题外,还应考虑其稳定性问题。

下面结合图 9-2 所示的力学模型,介绍有关平衡稳定性的一些基本概念。

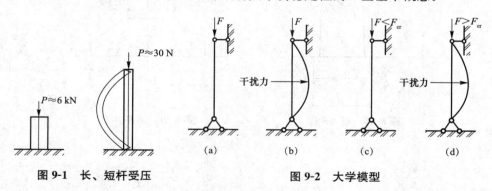

图 9-1 长、短杆受压   图 9-2 大学模型

图 9-2(a)所示为两端铰支的细长压杆。当轴向压力 F 较小时,杆在力 F 作用下将保持其原有的平衡模式,如在侧向干扰力作用下使其弯曲,如图 9-2(b)所示,当干扰力撤除,杆在往复摆动几次后仍恢复到原来的直线平衡状态,如图 9-2(c)所示,这种平衡称为稳定平衡。但当压力增大至某一数值时,如作用一侧向干扰力使压杆微弯,在干扰力撤除后,杆不能恢复到原来的直线形式,而在曲线形态下平衡,如图 9-2(d)所示,可见这时杆原有的直线平衡形式是不稳定的,称为不稳定平衡。这种丧失原有平衡形式的现象称为丧失稳定性,简称失稳。压杆的平衡是稳定的还是不稳定的,取决于压力 F 的大小。压杆从稳定平衡过渡到不稳定平衡时,轴向压力的临界值,称为**临界力**,用 F_{cr} 表示。显然,当 $F<F_{cr}$ 时,压杆将保持稳

定；当 $F>F_{cr}$ 时，压杆将失稳。因此，分析稳定性问题的关键是求压杆的临界力。

由于杆件失稳是在远低于强度许可承载能力的情况下突然发生的，所以往往造成严重的事故，如在 1907 年，加拿大魁北克一座长达 548 m 的大桥在施工中突然倒塌，就是两根受压杆件失稳造成的。因此，在城市轨道交通、路桥、建筑等工程中设计杆件（特别是受压压杆）时，除进行强度计算外，还必须进行稳定性计算。本章仅讨论压杆稳定性计算问题。

9.1.2 细长压杆的临界力

1. 两端铰支细长压杆的临界力

图 9-3 所示为两端铰支的细长压杆，由试验可测得其临界力 F_{cr} 为

$$F_{cr}=\frac{\pi^2 EI}{l^2} \tag{9-1}$$

式中　π——圆周率；
　　　E——材料的弹性模量；
　　　l——杆件长度；
　　　I——杆件横截面对形心轴的惯性矩。

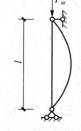

图 9-3　两端铰支细长压杆

当杆端在各方向的支承情况相同时，压杆总是在抗弯刚度最小的纵向平面内失稳，所以，式(9-1)中的惯性矩应取截面的最小形心主惯性矩 I_{min}。

2. 杆端支承对临界力的影响

如果压杆两端不全是铰支，而是采用其他约束形式，临界力的大小会受到影响。杆端的约束越强，压杆越不容易失稳，临界力就越大。各种端部支承压杆的临界力计算式，可以两端铰支的压杆作为基本情况，通过其临界状态时挠曲线形状的比较而推出。若将两端约束形式不同的细长压杆的临界力公式写成统一的形式，即

$$F_{cr}=\frac{\pi^2 EI}{(\mu l)^2} \tag{9-2}$$

式中，μ 称为长度系数，μl 称为压杆的相当长度。长度系数 μ 反映了杆端的支承情况对临界力的影响（两端固定：$\mu=0.5$；一端固定、一端铰支：$\mu=0.7$；两端铰支：$\mu=1$；一端固定、一端自由：$\mu=2$）。

由式(9-2)可知，细长压杆的临界力 F_{cr}，与杆的抗弯刚度 EI 成正比，与杆的长度平方成反比；同时，还与杆端的约束情况有关。显然，临界力越大，压杆的稳定性越好，即越不容易失稳。

【**例 9-1**】　一端固定、一端自由的受压柱，长 $l=1$ m，材料弹性模量 $E=200$ GPa。试计算图 9-4 所示两种截面时柱子的临界力。

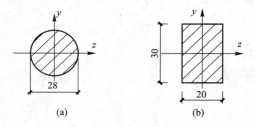

图 9-4　例 9-1 图

解：(1)计算直径 $d=28$ mm 的圆截面柱的临界力。

一端固定、一端自由的压杆，长度系数 $\mu=2$，截面惯性矩为

$$I=\frac{\pi d^4}{64}=\frac{\pi\times 28^4}{64}=3.02\times 10^4 (\text{mm}^4)$$

临界力为

$$F_{cr}=\frac{\pi^2 EI}{(\mu l)^2}=\frac{\pi^2\times 200\times 10^3\times 3.02\times 10^4}{(2\times 10^3)^2}=14\ 903(\text{N})\approx 14.90\ \text{kN}$$

(2)计算矩形截面柱的临界力

长度系数 $\mu=2$，截面惯性矩为

$$I=\frac{bh^3}{12}=\frac{30\times 20^3}{12}\approx 2\times 10^4 (\text{mm}^4)$$

临界力为

$$F_{cr}=\frac{\pi^2 EI}{(\mu l)^2}=\frac{\pi^2\times 200\times 10^3\times 2\times 10^4}{(2\times 10^3)^2}=9\ 870(\text{N})\approx 9.87\ \text{kN}$$

9.1.3 临界力的欧拉公式

通过试验得知，临界力 F_{cr} 的大小与压杆的抗弯刚度成正比，与杆的长度成反比，而且与杆端的支承情况有关，杆端约束越强，临界力就越大。在杆件材料服从胡克定律和小变形条件下，可推导出细长压杆临界力的计算公式——欧拉公式(Euler formula)。

$$F_{cr}=\frac{\pi^2 EI}{(\mu l)^2} \tag{9-3}$$

【**例 9-2**】 钢筋混凝土柱，高为 6 m，下端与基础固结，上端与屋架铰接(图 9-5)。柱的截面尺寸 $b\times h=250$ mm$\times 600$ mm，弹性模量 $E=26$ GPa。试计算该柱的临界力。

解：柱子截面的最小惯性矩为

$$I_{min}=\frac{bh^3}{12}=\frac{600\times 250^3}{12}=7.813\times 10^8 (\text{mm}^4)$$

一端固定、一端铰支时的长度系数 $\mu=0.7$。

由欧拉公式可得

$$F_{cr}=\frac{\pi^2 EI}{(\mu l)^2}=\frac{\pi^2\times 26\times 10^3\times 7.813\times 10^8}{(0.7\times 6\times 10^3)^2}=11\ 365(\text{kN})$$

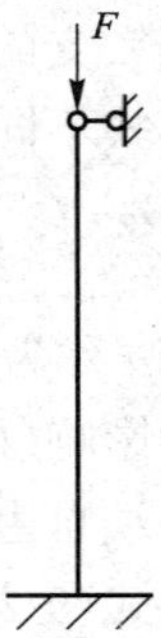

图 9-5 例 9-2 图

1. 欧拉公式的适用范围

(1)临界应力与柔度(长细比)。当压杆处于临界状态时，杆件可以维持其直线形状的不稳定平衡状态，此时杆内的应力仍是均匀分布的，即

$$\sigma_{cr}=\frac{F_{cr}}{A} \tag{9-4}$$

式中　σ_{cr}——压杆的临界应力；

　　　A——压杆的横截面面积。

$$\sigma_{cr}=\frac{F_{cr}}{A}=\frac{\pi^2 EI}{A(\mu l)^2} \tag{9-5}$$

利用惯性半径 $i=\sqrt{\dfrac{I}{A}}$，则上式成为

$$\sigma_{cr} = \frac{\pi^2 EI}{A(\mu l)^2} = \frac{\pi^2 E}{\frac{(\mu l)^2}{i^2}} \quad (9\text{-}6)$$

上式中的 μl 和 i 都是反映压杆几何性质的量，工程上取 μl 和 i 的比值来表示压杆的细长程度，叫作压杆的柔度或细长比，用 λ 表示，是无量纲的量。

$$\lambda = \frac{\mu l}{i} \quad (9\text{-}7)$$

于是，临界应力的计算公式可简化为

$$\sigma_{cr} = \frac{\pi^2 E}{\lambda^2} \quad (9\text{-}8)$$

式(9-8)是欧拉公式的另一种表达形式。式中，压杆的柔度 λ 综合反映了杆长、约束条件、截面尺寸和形状对临界应力的影响。λ 越大，表示压杆越细长，临界应力就越小，临界力也就越小，压杆就越易失稳。因此，柔度 λ 是压杆稳定计算中的一个十分重要的几何参数。

(2) 欧拉公式的适用范围。欧拉公式是在弹性条件下推导出来的，因此，临界应力 σ_{cr} 不应超过材料的比例极限 σ_p。

$$\sigma_{cr} = \frac{\pi^2 E}{\lambda^2} \leqslant \sigma_p \quad (9\text{-}9)$$

由式(9-9)可得使临界应力公式成立的柔度条件为

$$\lambda \geqslant \pi \sqrt{\frac{E}{\sigma_p}} \quad (9\text{-}10)$$

若用 λ_p 表示对应于 $\sigma_{cr} = \sigma_p$ 时的柔度值，则有

$$\lambda_p = \pi \sqrt{\frac{E}{\sigma_p}} \quad (9\text{-}11)$$

显然，当 $\lambda \geqslant \lambda_p$ 时，欧拉公式才成立。通常将 $\lambda \geqslant \lambda_p$ 的杆件称为细长压杆，或大柔度杆。只有细长压杆才能用式(9-1)、式(9-8)来计算杆件的临界压力和临界应力。

对于常用的 Q235A 钢，$E = 206$ GPa，$\sigma_p = 200$ MPa，代入式(9-11)得

$$\lambda_p = \pi \sqrt{\frac{E}{\sigma_p}} = \pi \sqrt{\frac{206 \times 10^3}{200}} \approx 100$$

也就是说，由这种钢材制成的压杆，当 $\lambda \geqslant 100$ 时欧拉公式才适用。

2. 压杆的临界应力总图

由上面讨论可知，轴向受压直杆的临界应力 σ_{cr} 的计算与压杆的柔度 λ 有关。对于 $\lambda \geqslant \lambda_p$ 的大柔度(细长)压杆，临界应力可按欧拉公式计算；对于 $\lambda < \lambda_p$ 的小柔度杆，欧拉公式不再适用，工程中对这类压杆的临界应力的计算，一般采用建立在试验基础上的经验公式，主要有直线公式和抛物线公式两种。这里仅介绍直线公式，其形式为

$$\sigma_{cr} = a - b\lambda \quad (9\text{-}12)$$

式中，a 和 b 是与材料有关的常数。例如，对 Q235A 钢制成的压杆，$a = 304$ MPa，$b = 1.12$ MPa。其他材料的 a 值和 b 值可以查阅有关手册。

柔度很小的粗短杆，其破坏主要是应力达到屈服应力 σ_s 或强度极限 σ_b 所致，其本质是强度问题。因此，对于塑性材料制成的压杆，按经验公式求出的临界应力最高值只能等于 σ_s，设相应的柔度为 λ_s，则

$$\lambda_s = \frac{a - \sigma_s}{b} \tag{9-13}$$

λ_s 是应用直线公式的最小柔度值。屈服应力 $\sigma_s = 235$ MPa 的 Q235 钢，$\lambda_s \approx 62$。

柔度介于 λ_p 与 λ_s 之间的压杆称为中柔度杆或中长杆，$\lambda < \lambda_s$ 的压杆称为小柔度杆或粗短杆。表 9-1 中列出了常见材料的 λ_p 与 λ_s 值。

表 9-1 常见材料的 λ_p 和 λ_s 值

材料	λ_p	λ_s	材料	λ_p	λ_s
Q235A 钢	100	61.4	铸铁	80	—
优质碳钢	100	60	硬铝	50	—
硅钢	100	60	松木	50	—

由以上讨论可知，压杆按其柔度值可分为三类，应分别用不同的公式计算临界应力。对于柔度大于等于 λ_p 的细长杆，应用欧拉公式；柔度介于 λ_p 和 λ_s 之间的中长杆，应用经验公式；柔度小于 λ_s 的粗短杆，应用强度条件计算。图 9-6 表示临界应力 σ_{cr} 随压杆柔度 λ 变化的图线，称为临界应力总图。

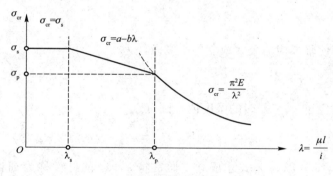

图 9-6 临界应力总图

9.2 压杆的稳定性计算

视频：细长压杆的稳定性分析

9.2.1 压杆的稳定条件

要使压杆不丧失稳定，应使作用在压杆上的压力 F 不超过压杆的临界力 F_{cr}，故杆的稳定条件为

$$F \leq \frac{F_{cr}}{n_{st}} \tag{9-14}$$

式中　F——实际作用在压杆上的压力；
　　　F_{cr}——压杆的临界力；
　　　n_{st}——稳定安全因数，随 λ 值而变化，λ 值越大，杆越细长，所取安全因数 n_{st} 也越大。一般，稳定安全因数比强度安全因数 n 大。

将杆稳定条件[式(9-14)]两边除以压杆横截面面积 A，则可改写为

$$\sigma=\frac{F}{A}\leqslant\frac{F_{cr}}{An_{st}}=\frac{\sigma_{cr}}{n_{st}}$$

或

$$\sigma=\frac{F}{A}\leqslant[\sigma_{st}]$$

式中，$\sigma=F/A$ 为杆内实际工作应力；$[\sigma_{st}]=\sigma_{cr}/n_{st}$ 可看作压杆的稳定容许应力。由于临界应力 σ_{cr} 和稳定安全因数 n_{st} 都是随压杆的柔度 λ 而变化的，所以$[\sigma_{st}]$也是随λ值变化的一个量。这与强度计算时材料的容许应力$[\sigma]$不同。

9.2.2 折减系数

城市轨道交通、路桥、建筑等实际工程的压杆稳定计算中，常将变化的稳定容许应力$[\sigma_{st}]$改为用强度容许应力$[\sigma]$来表达，即

$$[\sigma_{st}]=\varphi[\sigma]$$

式中，$[\sigma]$为强度计算时的容许应力；φ 称为折减系数，其值小于1。φ也是一个随λ值而变化的量。表 9-2 中所列的几种材料的折减系数，计算时可查用。于是，压杆的稳定条件可写为

$$\sigma=\frac{F}{A}\leqslant\varphi[\sigma] \tag{9-15}$$

从形式上可理解为：压杆因在强度破坏之前便可能失稳，故由降低强度容许应力$[\sigma]$来保证压杆的安全。

表 9-2 压杆的折减系数 φ

λ	φ			λ	φ		
	Q235 钢	16 锰钢	木材		Q235 钢	16 锰钢	木材
0	1.000	1.000	1.000	110	0.536	0.386	0.248
10	0.995	0.993	0.971	120	0.446	0.325	0.208
20	0.981	0.973	0.932	130	0.401	0.279	0.178
30	0.958	0.940	0.883	140	0.349	0.242	0.53
40	0.927	0.895	0.822	150	0.306	0.213	0.133
50	0.888	0.840	0.751	160	0.272	0.188	0.117
60	0.842	0.776	0.668	170	0.243	0.168	0.104
70	0.789	0.705	0.575	180	0.218	0.151	0.093
80	0.731	0.627	0.470	190	0.197	0.136	0.083
90	0.669	0.546	0.370	200	0.180	0.124	0.075
100	0.604	0.462	0.300				

9.2.3 压杆的稳定计算

如上所述，压杆的稳定条件可表达为

$$\sigma=\frac{P}{A}\leqslant\varphi[\sigma] \tag{9-16}$$

通常改写为

$$\frac{P}{\varphi A} \leqslant [\sigma] \tag{9-17}$$

式中　P——压杆实际承受的轴向压力；
　　　φ——压杆的折减系数；
　　　A——压杆的横截面面积。

应用稳定条件，可对压杆进行以下三个方面的计算：

(1)稳定性校核。若已知压杆的材料、杆长、截面尺寸、杆端的约束条件和作用力，则可校核杆件是否满足稳定条件。首先计算 $\lambda = \mu l/i$，再根据折减系数表或有关公式得到 φ，可代入式(9-16)或式(9-17)进行稳定性校核。

(2)若已知压杆的材料、杆长和杆端的约束条件，而需要进行压杆截面尺寸选择时，由于压杆的柔度 λ（或折减系数 φ）受到截面的大小和形状的影响，通常需要采用试算法。

(3)若已知压杆的材料、杆长、杆端的约束条件以及截面的形状与尺寸，求压杆所能承受的许用压力值，可根据式(9-17)计算容许压力：

$$[P] \leqslant \varphi A [\sigma]$$

【**例 9-3**】　一钢管支柱高 $l = 2.2$ m，支柱的两端铰支，其外径 $D = 102$ mm，内径 $d = 86$ mm，承受的轴向压力 $P = 300$ kN，容许应力 $[\sigma] = 160$ MPa，试校核支柱的稳定性。

解：钢管支柱两端铰支，故 $\mu = 1$。

钢管截面惯性矩：

$$I = \frac{\pi}{64}(D^4 - d^4) = \frac{\pi}{64} \times (102^4 - 86^4) = 263 \times 10^4 \,(\text{mm}^4)$$

钢管截面面积：

$$A = \frac{\pi}{4}(D^2 - d^2) = \frac{\pi}{4} \times (102^2 - 86^2) = 23.6 \times 10^2 \,(\text{mm}^2)$$

惯性半径：

$$i = \sqrt{\frac{I}{A}} = \sqrt{\frac{263 \times 10^4}{23.6 \times 10^2}} = 33.4 \,(\text{mm})$$

柔度：

$$\lambda = \frac{\mu l}{i} = \frac{1 \times 2\,200}{33.4} = 66$$

查表 9-2，当 $\lambda = 60$ 时，$\varphi = 0.842$；当 $\lambda = 70$ 时，$\varphi = 0.789$。

利用直线插入法，当 $\lambda = 66$ 时

$$\varphi = 0.842 - \frac{66 - 60}{70 - 60} \times (0.842 - 0.789)$$

$$= 0.81$$

校核稳定性：

$$\sigma = \frac{P}{A} = \frac{300 \times 10^3}{23.6 \times 10^2} = 127.1 \,(\text{MPa})$$

$$\varphi [\sigma] = 0.81 \times 160 = 129.6 \,(\text{MPa})$$

因 $\sigma < \varphi [\sigma]$，所以钢管支柱满足稳定性条件。

【**例 9-4**】　如图 9-7 所示，已知三角支架的压杆 BC 为 16 号工字钢，材料的许用应力 $[\sigma] = 160$ MPa。在结点 B 处作用一竖向荷载 Q，BC 杆长度为 1.5 m，试从 BC 杆的稳定条

件考虑，计算该三角架的容许荷载$[Q]$。

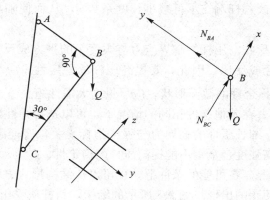

图 9-7 例 9-4 图

解：(1)据结点 B 平衡条件，确定 Q 与压杆 BC 的压力 N_{BC} 之间的关系。

$$\sum X = 0，\quad N_{BC} - Q\cos 30° = 0$$

$$N_{BC} = Q\cos 30° = \frac{\sqrt{3}}{2}Q$$

(2)计算柔度，确定折减系数 φ。

两端铰支，$\mu = 1$。查型钢表，16 号工字形钢的有关数据为 $A = 26.1 \text{ cm}^2$，$i_y = 8.58 \text{ cm}$，$i_z = 1.89 \text{ cm}$，因 $i_z < i_y$，则 $i = i_z = 1.89 \text{ cm}$，其柔度值 $\lambda = \frac{\mu l}{i} = \frac{1 \times 1.5}{1.89 \times 10^{-2}} = 79.4$。

由 λ 值查表 9-2，得

$$\varphi = 0.789 - \frac{79.4 - 70}{80 - 70} \times (0.789 - 0.731)$$

$$= 0.734$$

(3)计算容许荷载 $[Q]$。

由稳定条件，得

$$N_{BC} \leqslant \varphi A [\sigma]$$

将 $N_{BC} = \frac{\sqrt{3}}{2} Q$ 代入，得

$$[Q] \leqslant \frac{2}{\sqrt{3}} \times 0.734 \times 26.1 \times 10^{-4} \times 160 \times 10^6$$

$$= 354.0 \text{(kN)}$$

从 BC 杆的稳定性考虑，可取 $[Q] = 354 \text{ kN}$。

9.2.4 提高压杆稳定性的措施

压杆临界力的大小反映压杆稳定性的高低，要提高压杆的稳定性，就要提高压杆的临界力。提高压杆稳定性的中心问题，是提高杆件的临界力(或临界应力)，可以从影响临界力或临界应力的诸种因素出发，采取以下一些措施：

(1)减小压杆的长度。压杆的临界力与杆长的平方成反比，所以，减小压杆长度是提高

压杆稳定性的有效措施之一。在条件许可的情况下,应尽可能在压杆中间增加支承。

(2)改善杆端支承。改善杆端支承可减小长度系数 μ,从而使临界应力增大,即提高了压杆的稳定性。

(3)选择合理的截面形状。压杆的临界应力与柔度 λ 的平方成反比,柔度越小,临界应力越大。柔度与惯性半径成反比,因此,要提高压杆的稳定性,应尽量增大惯性半径。由于 $i=\sqrt{I/A}$,所以要选择合理的截面形状,应尽量增大惯性矩。

(4)选择适当的材料。在其他条件相同的情况下,可以选择弹性模量 E 值高的材料来提高压杆的稳定性。但是,细长压杆的临界力与强度指标无关,普通碳素钢与合金钢的 E 值相差不大,因此,采用高强度合金钢不能提高压杆的稳定性。

(5)改善结构受力情况。在可能的条件下,也可以从结构形式方面采取措施,改压杆为拉杆,从而避免了失稳问题的出现。图 9-8 所示的结构,斜杆从受压杆变为了受拉杆。

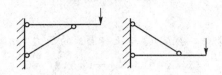

图 9-8　改压杆为拉杆

本章小结

压杆的稳定性问题是工程力学研究的内容之一。

确定压杆的临界力是解决压杆稳定性问题的关键。压杆临界力和临界应力的计算,应按压杆柔度大小分别进行。

大柔度杆:$F_{cr}=\dfrac{\pi^2 EI}{(\mu l)^2}$,$\sigma_{cr}=\dfrac{\pi^2 E}{\lambda^2}$。

中柔度杆:$\sigma_{cr}=a-b\lambda$,$F_{cr}=\sigma_{cr}A$。

短粗杆属强度问题,应按强度条件进行计算。

柔度 λ 是一个重要的概念,它综合考虑了杆件的长度、截面形状、尺寸及杆端约束条件的影响。

$$\lambda=\frac{\mu l}{i}$$

柔度 λ 值越大,临界力与临界应力就越小,这说明当压杆的材料、横截面面积一定时,λ 值越大,压杆就越容易失稳。因此,对于两端支承情况和截面形状沿两个方向不同的压杆,在失稳时总是沿 λ 值大的方向失稳。

折减系数法是稳定计算的实用方法。其稳定条件为

$$\sigma=\frac{F}{A}\leqslant\varphi[\sigma]$$

折减系数 φ 的值随压杆的柔度和材料而变化。应用稳定条件可以进行稳定性校核、确定稳定容许荷载、设计压杆截面等三类问题。

习题

9-1 什么是临界力？什么是临界应力？

9-2 细长杆、中长杆、短粗杆分别用什么公式计算临界应力？

9-3 简述欧拉公式的适用范围。

9-4 何谓压杆的柔度？其物理意义是什么？

9-5 压杆的稳定平衡与不稳定平衡指的是什么状态？如何区别压杆的稳定平衡和不稳定平衡？

9-6 压杆失稳发生的弯曲与梁的弯曲有什么区别？

9-7 如何用折减系数法计算压杆的稳定性问题？

9-8 图 9-9 所示 4 根细长压杆，材料、截面均相同，问哪根的临界力最大？哪根最小？

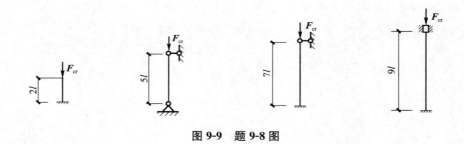

图 9-9 题 9-8 图

9-9 如图 9-10 所示，不同截面各杆杆端支承情况在各方向相同，请问失稳时将绕截面哪一根形心轴转动？

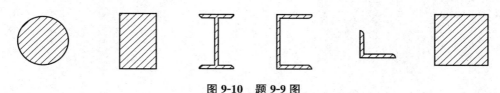

图 9-10 题 9-9 图

9-10 何谓折减系数 φ？它随什么因素而变化？用折减系数法对压杆进行稳定计算时，是否分细长杆和中长杆？为什么？

9-11 由 22a 工字形钢所制压杆，两端铰支。已知压杆长 $l=6$ m，弹性模量 $E=200$ GPa，试计算压杆的临界力和临界应力。

9-12 一矩形截面柱，柱高 $l=4$ m，两端铰支，如图 9-11 所示。已知截面 $b=160$ mm，$h=240$ mm，材料的容许应力 $[\sigma]=12$ MPa，承受轴向压力 $P=135$ kN。试校核该柱的稳定性。

9-13 一压杆两端固定，杆长 1 m，截面为圆形，直径 $d=40$ mm，材料为 Q235 钢，$[\sigma]=160$ MPa，试求此压杆的容许荷载。

9-14 如图 9-12 所示，千斤顶的最大起重量 $P=120$ kN。已知丝杠的长度 $l=600$ mm，$h=120$ mm，丝杠内径 $d=52$ mm，材料为 Q235 钢，$[\sigma]=80$ MPa，试验算丝杠的稳定性。

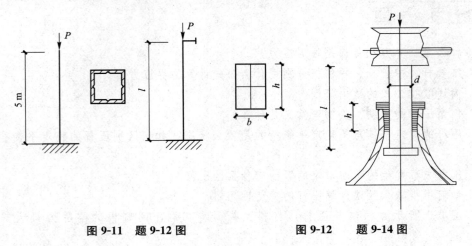

图 9-11　题 9-12 图　　　图 9-12　题 9-14 图

第 10 章 静定结构的受力分析

10.1 静定多跨梁

10.1.1 多跨静定梁的几何组成特点

多跨静定梁是由若干单跨梁用铰连接而成的静定结构，用来跨越几个相连的跨度。图 10-1(a) 所示为用于公路桥的多跨梁，图 10-1(b) 所示为其计算简图。

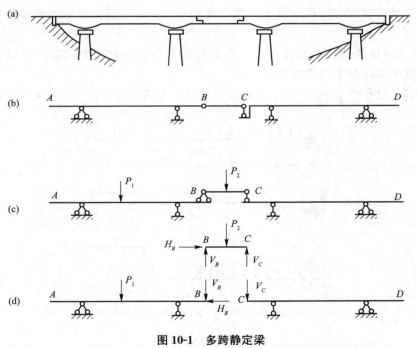

图 10-1 多跨静定梁
(a) 多跨梁；(b) 计算简图；(c) 层叠图；(d) 受力分析

从几何组成上看，多跨静定梁的特点是组成整个结构的各单跨梁可以分为基本部分和附属部分两类。结构中凡本身能够独立维持几何不变的部分称为基本部分，需要依靠其他部分的支撑才能够保持几何不变的部分称为附属部分。如图 10-1(b) 所示的多跨静定结梁，AB 和 CD 都有三根支座链杆固定于基础上，它们不依赖其他部分就能独立维持自身的几何不变性，所以是基本部分；而 BC 支承于基本部分之上，它必须依靠基本部分才能保持几何不变性，所以是附属部分。为了清楚地表明多跨静定梁各部分之间的支承关系，在受力图中通常把基本部分画在下层，附属部分画在上层，如图 10-1(c) 所示，这样的图称为层叠图。

从传力关系来看，多跨静定梁的特点是作用于基本部分的荷载，只能使基本部分产生支座反力和内力，附属部分不受力；而作用于附属部分的荷载，不仅能使附属部分本身产生支座反力和内力，而且能使与它相关的基本部分也是产生支座反力和内力，如图10-1(d)所示。

10.1.2 多跨静定梁的内力分析

根据附属部分和基本部分的传力关系可知，多跨静定梁的计算顺序应该是先附属部分，后基本部分。这样可以顺利地依次求出铰结点处的约束反力和支座反力，不必解联立方程。而每取一部分为隔离体进行计算时[图10-1(d)]，都与单跨梁的情况无异，故其反力计算和内力图的绘制均应当无困难。

下面是计算多跨静定梁和绘制内力图的步骤：

(1) 分析各部分的固定次序，弄清楚哪些是基本部分，哪些是附属部分，然后按照与固定次序相反的顺序，将多跨静定梁拆成单跨梁。

(2) 遵循先附属部分，后基本部分的原则，对各单跨梁逐一进行反力计算，并将计算出的支座反力按其真实方向标在原图上。在计算基本部分时，应注意不要遗漏由它的附属部分传来的作用力。

(3) 根据其整体受力图，利用剪力、弯矩和荷载集度之间微分关系，再结合区段叠加法，绘制出整个多跨静定梁的内力图。

【例 10-1】 试作图 10-2(a)所示多跨静定梁的内力图。其中 $q=2$ kN/m，$F=4$ kN。

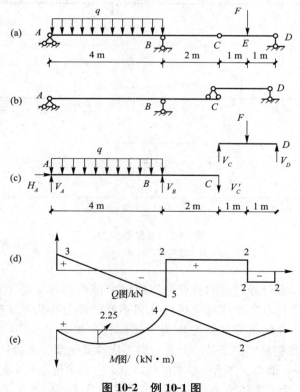

图 10-2 例 10-1 图

解：该多跨静定结构的 AC 部分为基本部分，CE 为附属部分。层叠图如图 10-2(b)所示，计算时将它拆成如图 10-2(c)所示的两个单跨梁。

(1)求支座反力。先计算附属部分：

$$\sum M_C = 0, \quad V_D \times 2 - F \times 1 = 0$$

$$V_D \times 2 - 4 \times 1 = 0, \quad V_D = 2 \text{ kN}(\uparrow)$$

$$\sum M_D = 0, \quad -V_C \times 2 + F \times 1 = 0$$

$$-V_C \times 2 + 4 \times 1 = 0, \quad V_C = 2 \text{ kN}(\uparrow)$$

同时得 $\quad V'_C = V_C = 2 \text{ kN}(\downarrow)$

计算基本部分

$$\sum X = 0 \quad H_A = 0$$

$$\sum M_B = 0 \quad -V_A \times 4 + q \times 4 \times 2 - V'_C \times 2 = 0$$

$$-V_A \times 4 + 2 \times 4 \times 2 - 2 \times 2 = 0, \quad V_A = 3 \text{ kN}(\uparrow)$$

$$\sum M_A = 0 \quad V_B \times 4 - q \times 4 \times 2 - V'_C \times 6 = 0$$

$$V_B \times 4 - 2 \times 4 \times 2 - 2 \times 6 = 0, \quad V_B = 7 \text{ kN}(\uparrow)$$

校核：由整体平衡条件 $\sum Y = V_A - q \times 4 + V_B - F + V_D = 3 - 2 \times 4 + 7 - 4 + 2 = 0$
故计算无误。

(2)求内力图。可将整个结构分为 AB、BE、ED 三段，由内力计算法则，得各段杆两端的内力计算如下：

剪力： 弯矩：
$Q_{A右} = 3$ kN $M_A = 0$
$Q_{B左} = 3 - 2 \times 4 = -5$ (kN) $M_B = 3 \times 4 - 2 \times 4 \times 2 = -4$ (kN·m)
$Q_{B右} = 3 - 2 \times 4 + 7 = 2$ (kN) $M_E = 2 \times 1 = 2$ (kN·m)
$Q_{E左} = 3 - 2 \times 4 + 7 = 29$ (kN) $M_D = 0$
$Q_{E右} = 3 - 2 \times 4 + 7 - 4 = -2$ (kN)
$Q_{D左} = -2$ kN

(3)绘制内力图：由以上内力绘制内力图，如图 10-2(d)、(e)所示。

注意：在 AB 段上，由于有均布荷载作用，弯矩图为二次抛物线。对于二次抛物线，除了两端有弯矩值外，还应该求出另外一点。此时找到剪力等于零的位置距 A 点为 1.5 m，就是抛物线的顶点值 M_F。

$$3 - 2 \times x = 0 \quad x = 1.5 \text{ m}$$

$$M_F = 3 \times 1.5 - 2 \times 1.5 \times 0.5 \times 1.5 = 2.52 \text{ (kN·m)}$$

由本例可知，多跨静定梁的弯矩图必须过中间铰的中心。实际上，由于铰结点只能传递轴力和剪力，不能传递弯矩，所以中间铰处弯矩一定为零。

【例 10-2】 试作图 10-3(a)所示多跨静定梁的内力图。

解：AB 梁为基本部分。CF 梁虽只有两根竖向支座链杆与地基相连，但在竖向荷载作用下它能独立维持平衡，故在竖向荷载下它为基本部分。层叠图如图 10-3(b)所示。分析应先从附属部分 BC 梁开始，然后再分析 AB 梁和 CF 梁。各段梁的分离体图如图 10-3(c)所示。

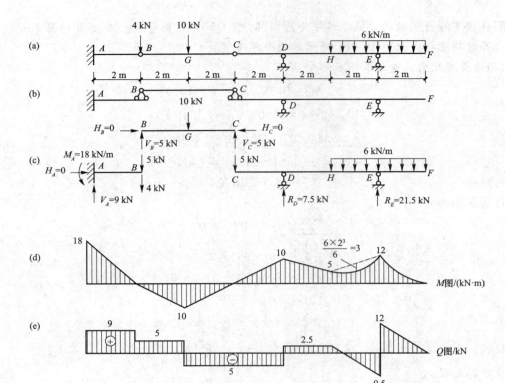

图 10-3 例 10-2 图

(1) 计算约束反力：因梁上只承受竖向荷载，由整体平衡条件可知水平反力 $H_A=0$，从而可推知各铰结处的水平约束反力都为零，全梁均不产生轴力。求出 BC 段梁的竖向反力后，将其反向即作用于基本部分。其中 AB 梁在铰 B 处，除承受梁 BC 传来的反力 5 kN(↓)外，尚承受有原作用在该处的荷载 4 kN(↓)。至于其他各约束反力的数值均标明在图中，不需要再说明。

(2) 计算内力：将整个梁分为 AB、BG、GD、DH、HE、EF 六段，由于中间铰 C 处不是外力的不连续点，故不必将它选为分段点。由内力计算法则（直接由外力求内力规律），得各段两端的杆端内力为

剪力：

$Q_{A右}=9$ kN

$Q_{B左}=9$ kN

$Q_{B右}=9-4=5(kN)$

$Q_{G左}=9-4=5(kN)$

$Q_{G右}=9-4-10=-5(kN)$

$Q_{D左}=9-4-10=-5(kN)$

$Q_{D右}=9-4-10+7.5=2.5(kN)$

$Q_{H}=9-4-10+7.5=2.5(kN)$

$Q_{E左}=6\times2-21.5=-9.5(kN)$

$Q_{E右}=6\times2=12(kN)$

$Q_{F}=0$

弯矩：

$M_{B右}=-18$ kN·m

$M_B=0$（中间铰处、无集中力偶、弯矩必为零）

$M_G=9\times4-18-4\times2=10(kN·m)$

$M_D=9\times8-18-4\times6-10\times4=-10(kN·m)$

$M_H=21.5\times2-6\times4\times2=-5(kN·m)$

$M_E=-6\times2\times1=-12(kN·m)$

$M_F=0$

(3)绘制内力图:由以上内力绘制内力图,如图10-3(d)、(e)所示。

在弯矩图中,HE段因有均布荷载,故需要在直线弯矩图(图中的虚线)的基础上叠加上相应简支梁在跨间荷载作用下的弯矩图。

大量工程实践表明,多跨静定梁与多跨简支梁相比较有弯矩小且分布较均匀的特点,因而,在材料用量上较省;缺点是中间铰处构造比较复杂,且若基本部分破坏,则支承于其上的附属部分也将随之倒塌。

10.2 静定平面刚架

10.2.1 刚架的组成及特点

刚架是由直杆(梁和柱)组成的具有刚结点的结构。刚架的几何组成特点是具有刚结点。刚架由于具有刚结点,所以在变形和受力方面有以下特点:

(1)变形特点——在刚结点处各杆不能发生相对转动,因而,各杆之间的夹角始终保持不变。

(2)受力特点——刚结点可以承受和传递弯矩,因而刚架中弯矩是主要内力。

刚架由于有弯矩分布比较均匀、内部空间大、比较容易制作等优点,所以在工程中得到广泛的应用,特别是由T形刚架构成的多跨静定刚架公路桥结构等。

当刚架各杆的轴线都在同一平面内且外力也可以简化到此平面内时,称为平面刚架。平面刚架可分为静定刚架和超静定刚架两类。常见的静定平面刚架有悬臂刚架(图10-4)、简支刚架(图10-5)和三铰刚架(图10-6)。本节只讨论静定平面刚架。

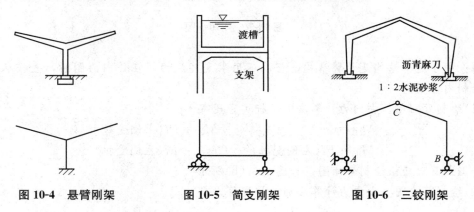

图10-4 悬臂刚架　　　　图10-5 简支刚架　　　　图10-6 三铰刚架

10.2.2 静定平面刚架的内力分析

静定平面刚架的内力计算方法原则上与静定梁相同,其分析的步骤如下:

(1)计算反力:由整体或部分的平衡条件求出支座反力或铰结处的约束反力。

(2)分段:将所有外力不连续的点(集中力、集中力偶的作用点,分布荷载的起、终点)及刚架的所有结点作为分段点,将刚架分为若干杆段。

(3)计算杆端内力:将每杆段看成梁,用截面法(或内力计算法则)计算各杆端截面的内力。

(4)作内力图：根据各杆端截面内力逐杆绘制内力图（必要时运用区段叠加法）。

其中，计算杆端内力是较为关键的一步。

刚架各杆的杆端内力有弯矩、剪力和轴力三个分量。在刚架中，剪力和轴力的正负号规定与梁相同，剪力图和轴力图可绘制在杆件的任一侧，但必须标明正负号。弯矩则通常不统一规定正负号（在具体算题时可根据需要临时设定），只规定弯矩图的弯矩应绘制在杆件受拉的一侧而不标注正负号。为了绘制内力图方便，通常要求在每个杆端弯矩的最终计算结果后面用括号标明杆件的哪一侧受拉。

为了明确表示刚架上不同截面的内力，尤其是区分汇交于同一结点的各杆端截面的内力，使之不至于混淆，在内力符号后面引用两个脚标：第一个表示内力所属截面，第二个表示该截面所属杆件的另一端。例如，M_{AB} 表示 AB 杆 A 端截面的弯矩，Q_{AC} 则表示 AC 杆 A 端截面的剪力。

【例 10-3】 试作图 10-7(a)所示悬臂刚架受竖向荷载 P 作用下的内力图。

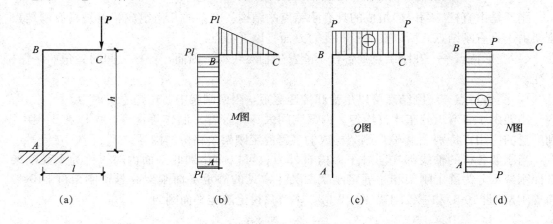

图 10-7 例 10-3 图

解：由于这个结构是悬臂结构，可以不用求支座反力，在作内力图时，直接从自由端开始绘制内力图。

(1)绘制弯矩图。由内力计算法则，杆端弯矩有

$$M_{CB}=0 \qquad\qquad M_{BC}=Pl（上侧受拉）$$
$$M_{BA}=Pl（左侧受拉） \qquad M_{BA}=Pl（左侧受拉）$$

根据上面弯矩值绘制弯矩图，如图 10-7(b)所示。

(2)绘制剪力图。由内力计算法则，杆端剪力有

$$Q_{CB}=P \qquad\qquad Q_{BC}=P$$
$$Q_{BA}=0 \qquad\qquad Q_{AB}=0$$

根据上面剪力值绘制弯矩图，如图 10-7(c)所示。

(3)绘制轴力图：由内力计算法则，杆端轴力有

$$N_{CB}=0 \qquad\qquad N_{BC}=0$$
$$N_{BA}=-P \qquad\qquad N_{AB}=-P$$

根据上面轴力值绘制轴力图，如图 10-7(d)所示。

【例 10-4】 简支刚架受力图如图 10-8(a)所示，求作刚架的内力图。

解：(1)计算支座反力。

此为简支刚架，反力只有 3 个，考虑刚架的整体平衡。

由 $\sum X=0$ 可得 $H_A=6\times 8=48(\mathrm{kN})(\leftarrow)$

由 $\sum M_A=V_B\times 6-6\times 8\times 4-20\times 3=0$ 可得 $V_B=42\ \mathrm{kN}(\uparrow)$

由 $\sum Y=V_A+20-42=0$ 可得 $V_A=22\ \mathrm{kN}(\downarrow)$

(2)绘制弯矩图。作弯矩图时应逐杆考虑。首先考虑 CD 杆，该杆相当于悬臂梁，故其弯矩图可直接绘出。其 C 端弯矩为

$$M_{CD}=6\times 4\times 2=48(\mathrm{kN\cdot m})(左侧受拉)$$

其次考虑 CB 杆，该杆上作用集中荷载，可分为 CE 和 EB 两无荷区段，用内力计算法则求出各杆端截面的弯矩如下：

$$M_{BE}=0$$
$$M_{EB}=M_{EC}=42\times 3=126(\mathrm{kN\cdot m})(下侧受拉)$$
$$M_{CE}=42\times 6-20\times 3=192(\mathrm{kN\cdot m})(下侧受拉)$$

将相邻两杆端弯矩用直线相连，绘制出该杆弯矩图。

最后考虑 AC 杆，该杆受均布荷载作用，可用区段叠加法来绘其弯矩图。为此，先求出该杆两端弯矩：

$$M_{AC}=0,\quad M_{CA}=48\times 4-6\times 4\times 2=144(\mathrm{kN\cdot m})(右侧受拉)$$

这里 M_{AC} 是取截面 C 下边部分为分离体算得的，将两端弯矩绘出并连以直线，再于此直线上叠加相应简支梁在均布荷载作用下的弯矩图即成。

由上所得整个刚架的弯矩图如图 10-8(b)所示。

(3)绘制剪力图。由内力计算法则，各杆端剪力为

$Q_{DC}=0$ $\quad\quad\quad\quad\quad\quad\quad\quad$ $Q_{CD}=6\times 4=24(\mathrm{kN})$

$Q_{BE}=Q_{EB}=42\ \mathrm{kN}$ $\quad\quad\quad\quad$ $Q_{EC}=Q_{CE}=-42+20=-22(\mathrm{kN})$

$Q_{AC}=48\ \mathrm{kN}$ $\quad\quad\quad\quad\quad\quad$ $Q_{CA}=48-6\times 4=24(\mathrm{kN})$

根据上列各值绘制剪力图如图 10-8(c)所示。

(4)绘制轴力图。由内力计算法则，各杆端轴力为

$\quad\quad\quad N_{DC}=N_C=0$ $\quad\quad\quad\quad$ $N_{BC}=N_{CB}=0$ $\quad\quad\quad\quad$ $N_{AC}=N_{CA}=22\ \mathrm{kN}$

根据上列各值绘制轴力图如图 10-8(d)所示。

(5)校核：内力图作出后应进行校核。对于弯矩图，通常是检查刚结点处是否满足力平衡条件。例如，取结点 C 为分离体，如图 10-8(e)所示，有

$$\sum M_C=48-192+144=0$$

可见这平衡条件是满足的。

为了校核剪力图和轴力图的正确性，可取刚架的任何部分为分离体，检查 $\sum X=0$ 和 $\sum Y=0$ 的平衡条件是否得到满足。例如，取结点 C 为分离体，如图 10-8(f)所示，有

$$\sum X=24-24=0\quad\quad 和\quad\quad \sum Y=22-22=0$$

故知此结点投影平衡条件满足。

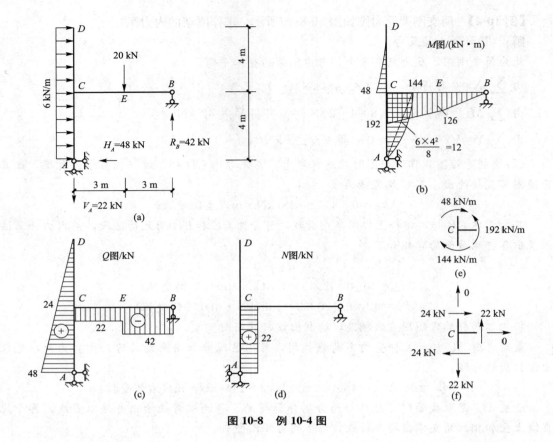

图 10-8 例 10-4 图

【**例 10-5**】 简支刚架受力如图 10-9(a)所示,求作刚架的内力图。

解:(1)求支座反力:

考虑刚架整体平衡,由 $\sum M = 0$ 可得

$$V_A = \frac{1}{8} \times 10 \times 4 \times 6 = 30 (\text{kN})(\uparrow)$$

由 $\sum Y = 0$ 得 $V_B = 10 \times 4 - V_A = 40 - 30 = 10 (\text{kN})(\uparrow)$

再取刚架右半部分为分离体,由 $\sum M_C = 0$ 得

$$H_B = \frac{1}{6} \times V_B \times 4 = \frac{1}{6} \times 10 \times 4 = 6.67 (\text{kN})(\leftarrow)$$

又考虑刚架整体平衡,由 $\sum X = 0$ 可得

$$H_A = 6.67 \text{ kN}(\rightarrow)$$

(2)作弯矩图:以 DC 杆为例,先求出其两端弯矩:

$$M_{DC} = -6.67 \times 4 = -26.7 (\text{kN} \cdot \text{m})(外侧受拉)$$
$$M_{CD} = 0$$

连以直线(虚线),再叠加简支梁的弯矩图,杆中点的弯矩为

$$\frac{1}{8} \times 10 \times 4^2 - \frac{1}{2} \times 26.7 = 6.7 (\text{kN} \cdot \text{m})(内侧受拉)$$

其余各杆同理可求得。弯矩图如图 10-9(b)所示。

应当指出,凡只有两杆汇交的刚结点,若结点上无外力偶作用,则两杆端弯矩必大小相等且同侧受拉(同使刚架外侧或同使刚架内侧受拉)。本例刚架的结点 D 或结点 E,[图 10-9(c)]就属于这种情况。

(3)作剪力图及轴力图:以 DC 杆为例,由截面法求出其两端的剪力和轴力:

$$Q_{DC} = V_A\cos\alpha - H_A\sin\alpha = 30 \times \frac{2}{\sqrt{5}} - 6.67 \times \frac{1}{\sqrt{5}} = 23.8(\text{kN})$$

$$Q_{CD} = -V_B\cos\alpha - H_B\sin\alpha = -10 \times \frac{2}{\sqrt{5}} - 6.67 \times \frac{1}{\sqrt{5}} = -11.9(\text{kN})$$

$$N_{DC} = -V_A\sin\alpha - H_A\cos\alpha = -30 \times \frac{1}{\sqrt{5}} - 6.67 \times \frac{2}{\sqrt{5}} = -19.4(\text{kN})$$

$$N_{CD} = V_B\sin\alpha - H_B\cos\alpha = 10 \times \frac{1}{\sqrt{5}} - 6.67 \times \frac{2}{\sqrt{5}} = -1.5(\text{kN})$$

然后分别连以直线。其余各杆同理可求得。剪力图和轴力图分别如图 10-9(d)和图 10-9(e)所示。

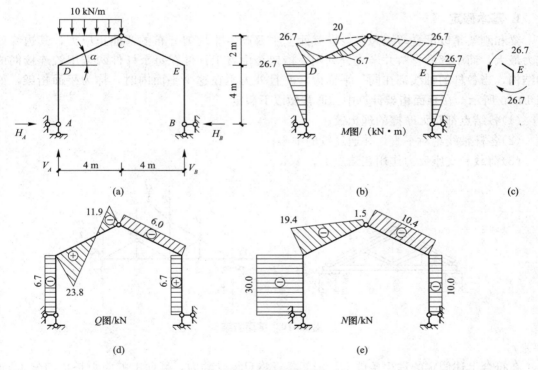

图 10-9 例 10-5 图

静定平面刚架的内力分析,不仅是其强度计算的依据,而且是位移计算和分析超静定平面刚架的基础,尤其是弯矩图的绘制,以后的应用很广,它是本课程最重要的基本功之一,务必通过练习足够的习题切实掌握。绘制弯矩图时,若能熟练掌握以下几点,则可以不求或少求支座反力而迅速绘制出弯矩图。

(1)结构上若有悬臂部分或简支梁部分(含两端铰结直杆承受横向荷载),则其弯矩图可以直接绘制出;

（2）刚结点处力矩应该平衡；
（3）铰结点处若无集中力偶作用，弯矩为零；
（4）铰结点处若无集中力作用，弯矩图切线的斜率不变；
（5）无荷载的区段弯矩图为直线；
（6）有均布荷载作用的区段，弯矩图为二次抛物线，抛物线的凸向与均布荷载的指向一致；
（7）运用区段叠加法；
（8）外力与杆轴重合时不产生弯矩，外力与杆轴平行及外力偶产生的弯矩为常数。

10.3 静定平面桁架

视频：静定平面
桁架的相关知识

10.3.1 相关知识

1. 基本假定

梁和刚架是以承受弯矩为主，横截面上主要产生非均匀分布的弯曲正应力，其边缘处应力最大，而中部的材料并未充分利用。桁架是由若干杆件在每个杆件两端用铰连接而成的结构，当各杆的轴线都在同一平面内，并且外力也在这个平面内时，称为**平面桁架**，如图10-10所示。在**平面桁架**计算中，通常做以下假定：

（1）各结点都是无摩擦的理想铰；
（2）各杆轴线绝对平直，并通过铰的中心；
（3）荷载和支座反力作用在结点上。

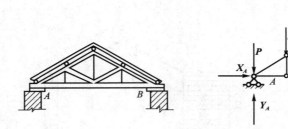

图10-10 平面桁架

在符合上述假定的理想条件下，桁架各杆将只承受轴力，截面上的应力是均匀分布的，材料能够得到充分利用。因而与梁相比，桁架的用料较省，并能够跨越更大的跨度。

2. 桁架各部分的名称

桁架各部分的名称如图10-11所示，其上边的杆称为上弦杆，下边的杆称为下弦杆，上下弦杆统称为弦杆。连接上弦杆和下弦杆的杆件，统称为腹杆，其中，竖直的称为竖杆，倾斜的

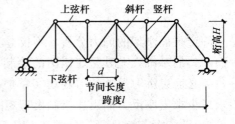

图10-11 桁架各部分名称

称为斜杆。桁架两端的杆,若是竖杆称为端竖杆,若为斜杆称为端斜杆。弦杆上相邻两结点间的距离称为节间。两支座间的水平距离称为跨度。支座连线至桁架最高点的距离称为桁高。

3. 桁架的分类

(1)按照桁架的外形分类:

1)平行弦桁架[图 10-12(a)],多用于桥梁、起重机梁和托架梁等;

2)折弦桁架[图 10-12(b)],多用于较大跨度的桥梁和工业与民用建筑;

3)三角形桁架[图 10-12(c)],多用于民用房屋建筑。

(2)按照竖向荷载是否引起水平推力分类:

1)梁式桁架[图 10-12(a)~(c)],在竖向荷载作用下只产生竖向支座反力的桁架,梁式桁架又称为无推为桁架;

2)拱式桁架[图 10-12(d)],在竖向荷载作用下产生水平支座反力(推力)的桁架,拱式桁架也称为有推力桁架。

(3)按照桁架的几何组成分类:

1)简单桁架[图 10-12(a)~(c)],由一个铰结三角形依次增加二元体所组成的桁架;

2)联合桁架[图 10-12 (d)和(e)],由几个简单桁架,按几何不变体系的基本组成规则联成的桁架;

3)复杂桁架[图 10-12(f)],凡不是按照上述两种方式组成的其他桁架,都称为复杂桁架。

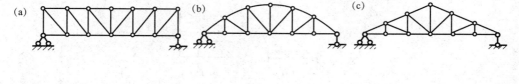

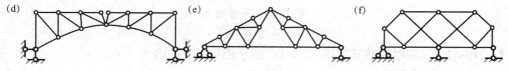

图 10-12 桁架分类

(a)平行弦桁架;(b)折弦桁架;(c)三角形桁架;(d)拱式桁架;(e)联合桁架;(f)复杂桁架

10.3.2 结点法求内力

1. 方法概述

所谓结点法,就是取桁架的结点为分离体,利用各结点的静力平衡条件来计算杆件内力或支座反力的一种计算方法。一般来说,任何静定平面桁架的内力和支座反力都可以用结点法求解。因为作用于任一结点的各力(包括荷载、支座反力和杆件内力)组成一个平面汇交力系,可就每一结点列出两个平衡方程式:$\sum X=0$,$\sum Y=0$。设桁架的结点数为 j,杆件数为 b,支座链杆数为 r,则一共可列出 $2j$ 个独立的平衡方程,而需求解的各杆内力和支座反力一共有 $b+r$ 个未知数。由于静定平面桁架的自由度 $W=2j-b-r=0$,故恒有

$b+r=2j$,即未知数的数目恰与方程的数目相等。因此,所有内力和支座反力都可用结点法解出。

但是,在实际计算中,只有当所取结点上的未知力不超过两个且可以独立解算时,应用结点法才是最方便的。结点法最适用于简单平面桁架的内力计算。因为简单平面桁架是从一个基本铰结角形出发依次增加二元体所组成的,其最后一个结点只包含两根杆件。故分析这类桁架时,可先由结构的整体平衡条件求出支座反力,然后从最后一个结点开始,依次倒算回去,即可顺利求得所有各杆的内力。

在计算桁架内力时,通常规定:杆件受拉时,轴力符号为正;反之为负。在解算未知内力时,一般先假定其为拉力,如计算结果为正,则表示杆件受拉;反之则杆件受压。

2. 应用技巧

(1)比例关系式 $\dfrac{N}{l}=\dfrac{X}{l_x}=\dfrac{Y}{l_y}$ 的利用。在建立平衡方程时,经常需要将斜杆的轴力 N 分解为水平分力 X 和竖向分力 Y,如图 10-13 所示。假设斜杆 AB 的杆长为 l,相应的水平投影为 l_x,竖向投影为 l_y,由相似三角形的比例关系可得

$$\frac{N}{l}=\frac{X}{l_x}=\frac{Y}{l_y} \tag{12-5}$$

利用这个比例关系式,可以很简便地由 N 直接推算出 X 和 Y,或者由 X 和 Y 直接推算出 N,而无须使用三角函数进行计算。

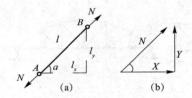

图 10-13 分解轴力

【**例 10-6**】 试用结点法计算图 10-14(a)所示桁架各杆的内力。

解:(1)计算支座反力:

作受力图如图 10-14(b)所示。

列平衡方程求解:

由 $\sum X=0$ 得 $X_1=0$

由 $\sum M_1=0$ $V_5\times4-20\times2-10\times4=0$ $V_5=20(\text{kN})(\uparrow)$

由 $\sum M_5=0$ $-Y_1\times4+20\times2+10\times4=0$ $Y_1=20(\text{kN})(\uparrow)$

校核:$\sum Y=-10-20-10+Y_1+V_5=-40+20+20=0$ 所以计算无误。

(2)结点法求内力。

1)结点1,如图 10-14(c)所示。

由 $\sum X=0$ 得 $N_{16}=0$

由 $\sum Y=0$ 得 $Y_1+N_{12}=0$ $20+N_{12}=0$ $N_{12}=-20 \text{ kN}(压)$

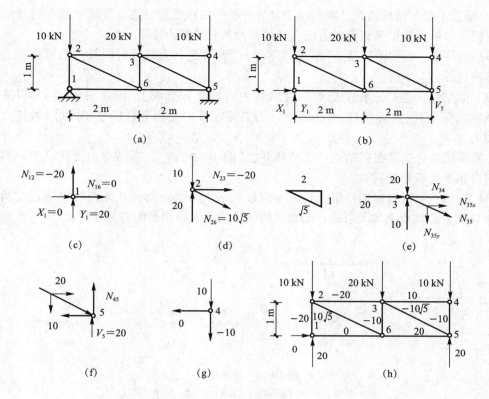

图 10-14 例 10-6 图

2) 结点 2，如图 10-14(d) 所示。

由 $\sum Y=0$ 得 $-N_{26}\times\sin\alpha-10+20=0$

已知 $\sin\alpha=1/\sqrt{5}$，$\cos\alpha=2/\sqrt{5}$

由此可得 $N_{26}=10\sqrt{5}$ kN(拉)

由 $\sum X=0$ 得 $N_{23}+N_{26}\times\cos\alpha=0$

$N_{23}+10\sqrt{5}\times\cos\alpha=0$ $N_{23}=-20$ kN(压)

3) 结点 3，如图 10-14(e) 所示。

由 $\sum Y=0$ 得 $-N_{35y}-20+10=0$ $N_{35y}=-10$ kN

由 $N_{35}/L_{35}=N_{35y}/L_{35y}$ $N_{35}/\sqrt{5}=-10/1$ $N_{35}=-10\sqrt{5}$ kN(压)

由 $N_{35x}/L_{35x}=N_{35y}/L_{35y}$ $N_{35x}/2=-10/1$ $N_{35x}=-20$ kN

由 $\sum X=0$ 得 $N_{34}+N_{35x}+20=0$ $N_{34}-20+20=0$ $N_{34}=0$

4) 结点 5，如图 10-14(f) 所示。

由 $\sum Y=0$ 得 $N_{45}+V_5-10=0$ $N_{45}+20-10=0$ $N_{45}=-10$ kN(压)

5) 结点 4，如图 10-14(g) 所示。由结点 4 校核：$\sum X=0$ $\sum Y=10-10=0$，说明计算无误。

将杆件内力及其分力标注于杆旁，如图 10-14(h) 所示。

（2）结点平衡的特殊情况。在桁架中常有一些特殊形状的结点,掌握了这些特殊结点的平衡规律,可给计算带来很大的方便。现列举几种特殊结点如下：

1) L形结点,或称两杆结点[图10-15(a)],当结点上无荷载时两杆内力皆为零。凡内力为零的杆件称为零杆。

2) T形结点：这是三杆汇交的结点而其中两杆在一直线上[图10-15(b)],当结点上无荷载时,第三杆(又称单杆)必为零杆,而共线两杆内力相等且符号相同(同为拉力或同为压力)。

3) X形结点：这是四杆结点,且两两共线[图10-15(c)],当结点上无荷载时,则共线两杆内力相等且符号相同。

4) K形结点：这也是四杆结点,其中两杆共线,而另外两杆在此直线同侧且交角相等[图10-15(d)]。结点上如无荷载,则非共线两杆内力大小相等而符号相反。

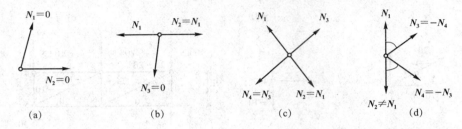

图10-15 特殊结点
(a)L形结点；(b)T形结点；(c)X形结点；(d)K形结点

上述结论均可根据适当的投影平衡方程得出,读者可自行证明。

应用上述结论,不难判断图10-16所示桁架中的零杆。在分析桁架时,首先将零杆识别出来,可使计算工作大为简化。

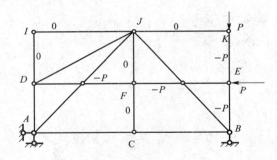

图10-16 判断零杆

10.3.3 截面法求内力

所谓截面法,就是用适当截面将桁架分为两部分,然后任取一部分为分离体(隔离体至少包含两个结点),根据平衡条件来计算所截杆件的内力。通常作用在隔离体上的诸力为平面一般力系,故可建立三个平衡方程。因此,若分离体上的未知力不超过三个,则一般可将它们全部求出。

在用截面法解桁架时,为了避免解联立方程,应对截面的位置、平衡方程的形式(力矩式或是投影式)和矩心等加以选择。如果选取恰当,将使计算工作大为简化。

【例10-7】 桁架受力如图10-17(a)所示,试计算杆件a、b、c的内力。

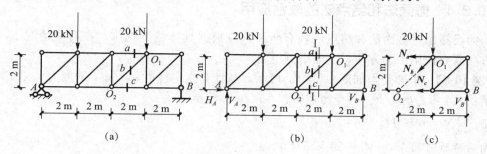

图10-17 例10-7图

解:(1)计算支座反力。作受力图如图10-17(b)所示。

由$\sum X=0$得$H_A=0$。

由对称性可得$V_A=V_B=20$ kN(↑)。

(2)求a、b、c三杆的内力。

取Ⅰ—Ⅰ截面右部分为研究对象,如图10-17(b)所示。

由$\sum M_{O1}=0$ $-N_c\times 2+20\times 2=0$ $N_c=20$ kN(拉)

由$\sum M_{O2}=0$ $N_a\times 2-20\times 2+20\times 4=0$ $N_a=-20$ kN(压)

由$\sum X=0$ $-N_c-N_a-N_{bx}=0$ $-20+20-N_{bx}=0$ $N_{bx}=0$

由比例关系 $\dfrac{N}{l}=\dfrac{X}{l_x}=\dfrac{Y}{l_y}$ $\dfrac{N_{bx}}{2}=\dfrac{N_b}{2\sqrt{2}}$ $N_b=0$

值得注意的是,用截面法求桁架内力时,应尽量使所截断的杆件不超过三根,这样所截杆件的内力均可求出。有时,所作截面虽然截断了三根以上的杆件,但只要在被截各杆中,除一杆外,其余均汇交于一点或均平行,则该杆内力仍可首先求得。例如,在图10-18所示桁架中作截面Ⅰ—Ⅰ,由$\sum M=0$可求得N_a。又如在图10-19所示桁架中作截面Ⅰ—Ⅰ,由$\sum X=0$可求出N_b。

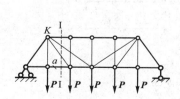

图10-18 由$\sum M=0$求内力

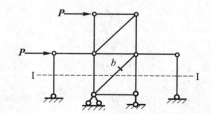

图10-19 $\sum X=0$求内力

上面分别介绍了结点法和截面法。对于简单桁架,当要求全部杆件内力时,用结点法是适宜的;若只求个别杆件的内力,则往往用截面法较方便。对于联合桁架,若只用结点法将会遇到未知力超过两个的结点,故宜先用截面法将联合杆件的内力求出。因此,下面将学习截面法和结点法的联合应用。

10.3.4 截面法和结点法的联合应用

前面已指出,截面法和结点法各有所长,应根据具体情况选用。在有些情况下,则将两种方法联合使用更为方便,下面举例说明。

【**例 10-8**】 桁架受力如图 10-20(a)所示,试计算指定杆件 a、b、c 的内力。

解:(1)求支座反力。作受力图如图 10-20(b)所示:

由 $\sum X = 0$ 得 $H_A = 0$。

由对称性可得 $V_A = V_B = 20$ kN(↑)。

(2)结点法求 a 杆的内力:

取结点 A 为研究对象,如图 10-20(c)所示。

由 $\sum Y = 0$ $V_A + N_{aY} = 0$ $20 + N_{aY} = 0$ $N_{aY} = -20$ kN

由比例关系 $\dfrac{N}{l} = \dfrac{X}{l_x} = \dfrac{Y}{l_y}$ $\dfrac{N_{aY}}{2} = \dfrac{N_a}{2\sqrt{2}}$ $N_a = -20\sqrt{2}$ kN(压)

(3)截面法求 b、c 杆的内力:

取 Ⅰ—Ⅰ 截面右部分为研究对象,如图 10-20(d)所示。

由 $\sum M_H = 0$ $-N_b \times 2 - 10 \times 2 + 20 \times 4 = 0$ $N_b = -30$ kN(压)

由 $\sum M_D = 0$ $-N_c \times 2 + 20 \times 2 = 0$ $N_c = 20$ kN(拉)

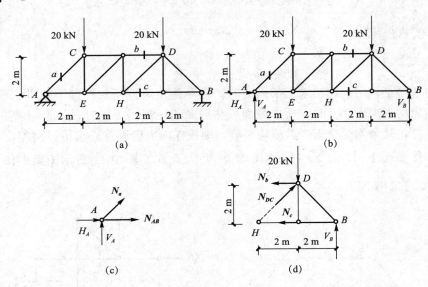

图 10-20 例 10-9 图

10.4 三铰拱简介

10.4.1 概述

拱是指杆轴线为曲线并且在竖向荷载作用下会产生水平推力的结构。所谓水平推力，是指方向指向拱内的水平支座反力。拱在工程中有很广泛的应用，在公路工程中，拱桥是最基本的桥型之一。图 10-21(a)所示为三铰拱；图 10-21(b)所示为其计算简图。

拱的特点是在竖向荷载作用下有水平推力，内力以轴向压力为主。在竖向荷载作用下有无水平推力是拱和梁的基本区别。

拱的分类方法较多，这里仅介绍几种常用的分类方法。
(1)按含铰的数目：分为无铰拱、两铰拱和三铰拱；
(2)按计算方法：分为静定结构和超静定结构；
(3)按拱身构造：分为实体拱和桁架拱；
(4)按拱轴线：分为圆弧拱、抛物线拱和悬链线拱等。

本节只对实体三铰拱做简单介绍。

拱的各部分名称如图 10-22 所示。拱身各截面形心的连线称为拱轴线。拱的两端支座称为拱趾。两拱趾之间的水平距离称为拱的跨度。连接两拱趾的直线称为起拱线。拱轴线上最高的一点称为拱顶，三铰拱通常在拱顶处设置铰。拱顶至起拱线之间的竖直距离称为拱高或矢高。拱高与跨度之比称为矢跨比或高跨比。在桥梁专业中，常将矢跨比大于或等于 1/5 的拱称为陡拱，矢跨比小于 1/5 的拱称为坦拱。两拱趾在同一水平线上的拱称为平拱；不在同一水平线上的拱称为斜拱或坡拱。

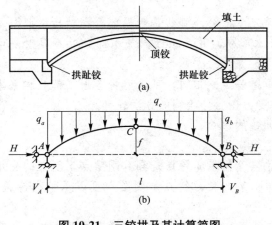

图 10-21 三铰拱及其计算简图
(a)三铰拱；(b)计算简图

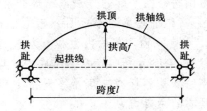

图 10-22 拱各部分名称

10.4.2 三铰拱的计算

三铰拱无论是支座反力计算，还是内力计算，都比较复杂，特别是内力计算，要想得到真实值，必须借助于计算机，故本章不对三铰拱的计算做要求。

10.4.3 三铰拱的合理拱轴线简介

1. 合理拱轴线的概念

大量实践表明,三铰拱的支座反力与拱轴线的形状无关,内力则与拱轴线的形状有关。当拱上所有截面上的弯矩都等于零而只有轴力时,截面上的正应力是均匀分布的,材料能够得到最充分利用,从力学的角度来看,是最经济的。因此,把在已知荷载作用下拱截面上只有轴向压力的拱轴线称为合理拱轴线。

合理拱轴线可以根据弯矩为零的条件来确定,可以由下式计算求得

$$M = M^0 - Hy = 0$$

$$y = \frac{M^0}{H}$$

2. 几种常见的合力拱轴线

(1) 抛物线:竖向均布荷载作用下三铰拱的合理拱轴线;
(2) 圆弧线:径向均布荷载作用下三铰拱的合理拱轴线;
(3) 悬链线:填料荷载作用下三铰拱的合理拱轴线。

本章小结

1. 多跨静定梁的内力和内力图

(1) 多跨静定梁是由若干单跨梁用铰连接而成的结构,其几何组成特点是组成结构的各单跨梁可以分为基本部分和附属部分两类,其传力关系的特点是加在附属部分上的荷载,使附属部分和与其相关的基本部分都受力,而加在基本部分上的荷载只使基本部分受力,附属部分不受力。

(2) 计算多跨静定梁首先要分清哪些是基本部分,哪些是附属部分,然后按照与单跨静定梁相同的方法,先算附属部分,后算基本部分,并且在计算基本部分时不要遗漏由它的附属部分传来的作用力。

(3) 多跨静定梁内力图的绘制方法和单跨静定梁相同,可采用将各附属部分和基本部分的内力图拼合在一起的方法,或根据整体受力图直接绘制的方法皆可。

(4) 多跨静定梁的弯矩图一定通过中间铰的中心。

2. 静定平面刚架的内力和内力图

(1) 刚架是直杆(梁和柱)组成的结构,其几何组成特点是具有刚结点。刚架的变形特点是在刚结点处各杆的夹角始终保持不变。刚架的受力特点是刚结点可以承受和传递弯矩,弯矩是它的主要内力。

(2) 静定平面刚架的内力计算和内力图绘制,在方法上也是和静定梁基本相同。需要注意的是,刚架的弯矩图通常不统一规定正负号,主要强调弯矩图应绘制在杆件的受拉侧。刚架弯矩用区段叠加法绘制比较简捷。

3. 静定平面桁架的内力

(1) 桁架是由全部由链杆组成的结构。在静定平面桁架的计算简图中,通常引用下述假定:

1) 各结点都是理想铰;

2) 各杆的轴线绝对平直，且通过铰心；
3) 外力只作用在结点上。

符合上述假定的桁架称为理想桁架。理想桁架的受力特点是各杆只受轴力作用，截面上的应力均匀分布。

(2) 静定平面桁架内力计算的基本方法是结点法和截面法。这两种方法的原理和计算步骤相同，区别仅在于所取分离体包含的结点数不同，作用于分离体上的力系不同。当截面法所取分离体只包含一个结点时，即结点法。

结点法宜用于简单桁架，所取结点上的未知力不要超过两个。计算前识别零杆和计算时利用比例关系式 $\dfrac{N}{l}=\dfrac{X}{l_x}=\dfrac{Y}{l_y}$ 可使计算工作得到简化。截面法宜应用于联合桁架的计算和简单桁架中少数杆件内力的计算，所取分离体上的未知力一般不要超过三个。结点法的应用技巧也可用于截面法。

4. 三铰拱的反力、内力计算

(1) 拱是在竖向荷载作用下有水平推力的曲杆结构。在竖向荷载作用下有无水平推力，是拱和梁的基本区别。由于水平推力的存在，拱内各截面的弯矩要比相应的曲梁或简支梁弯矩小得多。轴向压力是拱的主要内力。

拱可以用抗压强度较高而抗拉性能较差的低价材料来建造，但拱要求有坚固的基础或增加拉杆来承受水平推力。其内力计算，通常沿拱跨将拱身等分后列表进行，通常需要借助于计算机。

(2) 在已知荷载作用下，使拱身截面只有轴向压力的拱轴线称为合理拱轴线。合理拱轴线只是相对于某一种荷载情况而言的。当荷载的大小或作用位置改变时，合理拱轴线一般要发生相应的变化，但若荷载中所有力的大小都按某一比例增加或减小，而不改变其作用位置和作用方向，则合理拱轴线不变。

在竖向均布荷载、径向均布荷载和填料荷载作用下，三铰拱的合理拱轴线分别为抛物线、圆弧线和悬链线。

本章的重点是各种静定结构的内力计算和内力图绘制。学习多跨静定梁，要着重掌握如何将它正确地拆成若干个单跨梁。学习静定平面刚架，要着重掌握杆端内力的计算，并注意不要搞错剪力和轴力的正负号以及弯矩图画在杆件的哪一侧。学习静定平面桁架应着重注意解题技巧，如零杆识别、比例关系式利用、分离体的选取、投影轴和矩心的选择以及平衡方程的选取等，并要求通过练习熟练掌握。了解三铰拱的特点和合理拱轴线的概念也很重要，同样应很好地了解和掌握。

习 题

10-1　什么是多跨静定梁？其几何组成和传力关系各有什么特点？
10-2　为什么多跨静定梁应先计算附属部分，后计算基本部分？
10-3　与多跨简支梁相比较，多跨静定梁有哪些优点、缺点？
10-4　什么是刚架？其几何构造特点是什么？
10-5　刚架在变形和受力方面有何特点？

10-6　刚架内力的正负号是怎样规定的？如何计算三铰刚架的支座反力？
10-7　刚架为什么能广泛应用于工程之中？
10-8　何谓桁架？在平面桁架的计算简图中，通常引用哪些假定？
10-9　什么是简单桁架和联合桁架？什么是梁式桁架和拱式桁架？试各举例说明。
10-10　何谓结点法？在什么情况下应用这一方法比较适宜？
10-11　何谓零杆？怎样识别？零杆是否可以从桁架中撤去？为什么？
10-12　何谓截面法？在什么情况下应用这一方法比较适宜？
10-13　在桁架计算中，怎样避免解联立方程？
10-14　什么是拱？它和梁的基本区别是什么？
10-15　竖向均布荷载、径向均布荷载和填料荷载作用下，三铰拱的合理拱轴线各是什么曲线？
10-16　试作图 10-23 所示多跨静定梁的内力图。

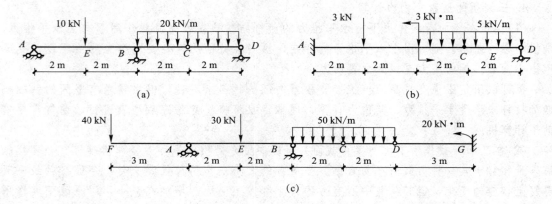

图 10-23　题 10-16 图

10-17　试作图 10-24 所示刚架的内力图。

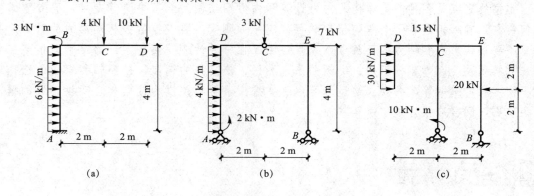

图 10-24　题 10-17 图

10-18　识别图 10-25 所示桁架中的零杆。

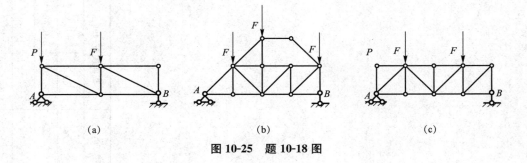

图 10-25 题 10-18 图

10-19 试用结点法计算图 10-26 所示中各杆的内力。

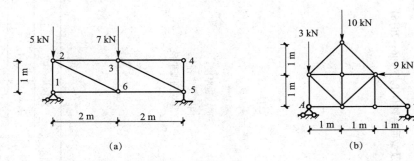

图 10-26 题 10-19 图

10-20 试用截面法计算图 10-27 所示桁架中指定杆件的内力。

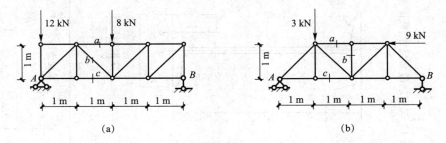

图 10-27 题 10-20 图

10-21 试用结点法、截面法或其联合应用计算图 10-28 所示桁架中指定杆件的内力。

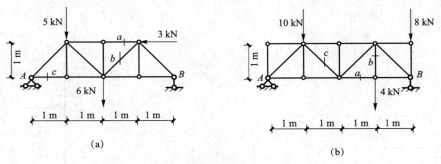

图 10-28 题 10-21 图

附录 常用型钢性能规格参数表

附表 1 工字钢截面尺寸、截面积、理论质量及截面特性(GB/T 706—2016)

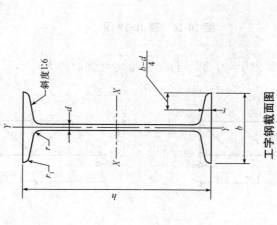

h —— 高度;
b —— 腿宽度;
d —— 腰厚度;
t —— 平均腿厚度;
r —— 内圆弧半径;
r_1 —— 腿端圆弧半径

工字钢截面图

型号	截面尺寸/mm						截面面积/cm²	理论质量/(kg·m⁻¹)	外表面积/(m²·m⁻¹)	惯性矩/cm⁴		惯性半径/cm		截面模数/cm³	
	h	b	d	t	r	r_1				I_x	I_y	i_x	i_y	W_x	W_y
10	100	68	4.5	7.6	6.5	3.3	14.33	11.3	0.432	245	33.0	4.14	1.52	49.0	9.72
12	120	74	5.0	8.4	7.0	3.5	17.80	14.0	0.493	436	46.9	4.95	1.62	72.7	12.7
12.6	126	74	5.0	8.4	7.0	3.5	18.10	14.2	0.505	488	46.9	5.20	1.61	77.5	12.7

续表

型号	截面尺寸/mm						截面面积/cm²	理论质量/(kg·m⁻¹)	外表面积/(m²·m⁻¹)	惯性矩/cm⁴		惯性半径/cm		截面模数/cm³	
	h	b	d	t	r	r₁				I_x	I_y	i_x	i_y	W_x	W_y
14	140	80	5.5	9.1	7.5	3.8	21.50	16.9	0.553	712	64.4	5.76	1.73	102	16.1
16	160	88	6.0	9.9	8.0	4.0	26.11	20.5	0.621	1 130	93.1	6.58	1.89	141	21.2
18	180	94	6.5	10.7	8.5	4.3	30.74	24.1	0.681	1 660	122	7.36	2.00	185	26.0
20a	200	100	7.0	11.4	9.0	4.5	35.55	27.9	0.742	2 370	158	8.15	2.12	237	31.5
20b	200	102	9.0	11.4	9.0	4.5	39.55	31.1	0.746	2 500	169	7.96	2.06	250	33.1
22a	220	110	7.5	12.3	9.5	4.8	42.10	33.1	0.817	3 400	225	8.99	2.31	309	40.9
22b	220	112	9.5	12.3	9.5	4.8	46.50	36.5	0.821	3 570	239	8.78	2.27	325	42.7
24a	240	116	8.0	13.0	10.0	5.0	47.71	37.5	0.878	4 570	280	9.77	2.42	381	48.4
24b	240	118	10.0	13.0	10.0	5.0	52.51	41.2	0.882	4 800	297	9.57	2.38	400	50.4
25a	250	116	8.0	13.0	10.0	5.0	48.51	38.1	0.898	5 020	280	10.2	2.40	402	48.3
25b	250	118	10.0	13.0	10.0	5.0	53.51	42.0	0.902	5 280	309	9.94	2.40	423	52.4
27a	270	116	8.0	13.7	10.5	5.3	54.52	42.8	0.958	6 550	345	10.9	2.51	485	56.6
27b	270	118	10.0	13.7	10.5	5.3	59.92	47.0	0.962	6 870	366	10.7	2.47	509	58.9
28a	280	122	8.5	13.7	10.5	5.3	55.37	43.5	0.978	7 110	345	11.3	2.50	508	56.6
28b	280	124	10.5	13.7	10.5	5.3	60.97	47.9	0.982	7 480	379	11.1	2.49	534	61.2
30a	300	126	9.0	14.4	11.0	5.5	61.22	48.1	1.031	8 950	400	12.1	2.55	597	63.5
30b	300	128	11.0	14.4	11.0	5.5	67.22	52.8	1.035	9 400	422	11.8	2.50	627	65.9
30c	300	130	13.0	14.4	11.0	5.5	73.22	57.5	1.039	9 850	445	11.6	2.46	657	68.5
32a	320	130	9.5	15.0	11.5	5.8	67.12	52.7	1.084	11 100	460	12.8	2.62	692	70.8
32b	320	132	11.5	15.0	11.5	5.8	73.52	57.7	1.088	11 600	502	12.6	2.61	726	76.0
32c	320	134	13.5	15.0	11.5	5.8	79.92	62.7	1.092	12 200	544	12.3	2.61	760	81.2

续表

型号	截面尺寸/mm						截面面积/cm²	理论质量/(kg·m⁻¹)	外表面积/(m²·m⁻¹)	惯性矩/cm⁴		惯性半径/cm		截面模数/cm³	
	h	b	d	t	r	r_1				I_x	I_y	i_x	i_y	W_x	W_y
36a	360	136	10.0	15.8	12.0	6.0	76.44	60.0	1.185	15 800	552	14.4	2.69	875	81.2
36b	360	138	12.0	15.8	12.0	6.0	83.64	65.7	1.189	16 500	582	14.1	2.64	919	84.3
36c	360	140	14.0	15.8	12.0	6.0	90.84	71.3	1.193	17 300	612	13.8	2.60	962	87.4
40a	400	142	10.5	16.5	12.5	6.3	86.07	67.6	1.285	21 700	660	15.9	2.77	1 090	93.2
40b	400	144	12.5	16.5	12.5	6.3	94.07	73.8	1.289	22 800	692	15.6	2.71	1 140	96.2
40c	400	146	14.5	16.5	12.5	6.3	102.1	80.1	1.293	23 900	727	15.2	2.65	1 190	99.6
45a	450	150	11.5	18.0	13.5	6.8	102.4	80.4	1.411	32 200	855	17.7	2.89	1 430	114
45b	450	152	13.5	18.0	13.5	6.8	111.4	87.4	1.415	33 800	894	17.4	2.84	1 500	118
45c	450	154	15.5	18.0	13.5	6.8	120.4	94.5	1.419	35 300	938	17.1	2.79	1 570	122
50a	500	158	12.0	20.0	14.0	7.0	119.2	93.6	1.539	46 500	1 120	19.7	3.07	1 860	142
50b	500	160	14.0	20.0	14.0	7.0	129.2	101	1.543	48 600	1 170	19.4	3.01	1 940	146
50c	500	162	16.0	20.0	14.0	7.0	139.2	109	1.547	50 600	1 220	19.0	2.96	2 080	151
55a	550	166	12.5	21.0	14.5	7.3	134.1	105	1.667	62 900	1 370	21.6	3.19	2 290	164
55b	550	168	14.5	21.0	14.5	7.3	145.1	114	1.671	65 600	1 420	21.2	3.14	2 390	170
55c	550	170	16.5	21.0	14.5	7.3	156.1	123	1.675	68 400	1 480	20.9	3.08	2 490	175
56a	560	166	12.5	21.0	14.5	7.3	135.4	106	1.687	65 600	1 370	22.0	3.18	2 340	165
56b	560	168	14.5	21.0	14.5	7.3	146.6	115	1.691	68 500	1 490	21.6	3.16	2 450	174
56c	560	170	16.5	21.0	14.5	7.3	157.8	124	1.695	71 400	1 560	21.3	3.16	2 550	183
63a	630	176	13.0	22.0	15.0	7.5	154.6	121	1.862	93 900	1 700	24.5	3.31	2 980	193
63b	630	178	15.0	22.0	15.0	7.5	167.2	131	1.866	98 100	1 810	24.2	3.29	3 160	204
63c	630	180	17.0	22.0	15.0	7.5	179.8	141	1.870	102 000	1 920	23.8	3.27	3 300	214

注：表中 r、r_1 的数据用于孔型设计，不作为交货条件。

附表 2 槽钢截面尺寸、截面面积、理论质量及截面特性

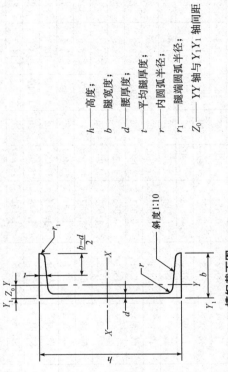

h ——高度；
b ——腿宽度；
d ——腰厚度；
t ——平均腿厚度；
r ——内圆弧半径；
r_1 ——腿端圆弧半径；
Z_0 ——YY轴与Y_1Y_1轴间距

槽钢截面图

型号	截面尺寸/mm						截面面积 /cm²	理论质量 /(kg·m⁻¹)	外表面积 /(m²·m⁻¹)	惯性矩/cm⁴			惯性半径/cm		截面模数/cm³		重心距离/cm
	h	b	d	t	r	r_1				I_x	I_y	I_{y1}	i_x	i_y	W_x	W_y	Z_0
5	50	37	4.5	7.0	7.0	3.5	6.925	5.44	0.226	26.0	8.30	20.9	1.94	1.10	10.4	3.55	1.35
6.3	63	40	4.8	7.5	7.5	3.8	8.446	6.63	0.262	50.8	11.9	28.4	2.45	1.19	16.1	4.50	1.36
6.5	65	40	4.3	7.5	7.5	3.8	8.292	6.51	0.267	55.2	12.0	28.3	2.54	1.19	17.0	4.59	1.38
8	80	43	5.0	8.0	8.0	4.0	10.24	8.04	0.307	101	16.6	37.4	3.15	1.27	25.3	5.79	1.43
10	100	48	5.3	8.5	8.5	4.2	12.74	10.0	0.365	198	25.6	54.9	3.95	1.41	39.7	7.80	1.52
12	120	53	5.5	9.0	9.0	4.5	15.36	12.1	0.423	346	37.4	77.7	4.75	1.56	57.7	10.2	1.62
12.6	126	53	5.5	9.0	9.0	4.5	15.69	12.3	0.135	391	38.0	77.1	4.95	1.57	62.1	10.2	1.59
14a	140	58	6.0	9.5	9.5	4.8	18.51	14.5	0.480	564	53.2	107	5.52	1.70	80.5	13.0	1.71
14b	140	60	8.0	9.5	9.5	4.8	21.31	16.7	0.484	609	61.1	121	5.35	1.69	87.1	14.1	1.67
16a	160	63	6.5	10.0	10.0	5.0	21.95	17.2	0.538	866	73.3	144	6.28	1.83	108	16.3	1.80
16b	160	65	8.5	10.0	10.0	5.0	25.15	19.8	0.542	935	83.4	161	6.10	1.82	117	17.6	1.75
18a	180	68	7.0	10.5	10.5	5.2	25.69	20.2	0.596	1 270	98.6	190	7.04	1.96	141	20.0	1.88
18b	180	70	9.0	10.5	10.5	5.2	29.29	23.0	0.600	1 370	111	210	6.84	1.95	152	21.5	1.84

续表

型号	截面尺寸/mm						截面面积/cm²	理论质量/(kg·m⁻¹)	外表面积/(m²·m⁻¹)	惯性矩/cm⁴				惯性半径/cm		截面模数/cm³		重心距离/cm
	h	b	d	t	r	r_1				I_x	I_y	I_{y1}		i_x	i_y	W_x	W_y	Z_0
20a	200	73	7.0	11.0	11.0	5.5	28.83	22.6	0.654	1 780	128	244		7.86	2.11	178	24.2	2.01
20b		75	9.0				32.83	25.8	0.658	1 910	144	268		7.64	2.09	191	25.9	1.95
22a	220	77	7.0	11.5	11.5	5.8	31.83	25.0	0.709	2 390	158	298		8.67	2.23	218	28.2	2.10
22b		79	9.0				36.23	28.5	0.713	2 570	176	326		8.42	2.21	234	30.1	2.03
24a	240	78	7.0	12.0	12.0	6.0	34.21	26.9	0.752	3 050	174	325		9.45	2.25	254	30.5	2.10
24b		80	9.0				39.01	30.6	0.756	3 280	194	355		9.17	2.23	274	32.5	2.03
24c		82	11.0				43.81	34.4	0.760	3 510	213	388		8.96	2.21	293	34.4	2.00
25a	250	78	7.0	12.0	12.0	6.0	34.91	27.4	0.722	3 370	176	322		9.82	2.24	270	30.6	2.07
25b		80	9.0				39.91	31.3	0.776	3 530	196	353		9.41	2.22	282	32.7	1.98
25c		82	11.0				44.91	35.3	0.780	3 690	218	384		9.07	2.21	295	35.9	1.92
27a	270	82	7.5	12.5	12.5	6.2	39.27	30.8	0.826	4 360	216	393		10.5	2.34	323	35.5	2.13
27b		84	9.5				44.67	35.1	0.830	4 690	239	428		10.3	2.31	347	37.7	2.06
27c		86	11.5				50.07	39.3	0.834	5 020	261	467		10.1	2.28	372	39.8	2.03
28a	280	82	7.5	12.5	12.5	6.2	40.02	31.4	0.846	4 760	218	388		10.9	2.33	340	35.7	2.10
28b		84	9.5				45.62	35.8	0.850	5 130	242	428		10.6	2.30	366	37.9	2.02
28c		86	11.5				51.22	40.2	0.854	5 500	268	463		10.4	2.29	393	40.3	1.95
30a	300	85	7.5	13.5	13.5	6.8	43.89	34.5	0.897	6 050	260	467		11.7	2.43	403	41.1	2.17
30b		87	9.5				49.89	39.2	0.901	6 500	289	515		11.4	2.41	433	44.0	2.13
30c		89	11.5				55.89	43.9	0.905	6 950	316	560		11.2	2.38	463	46.4	2.09
32a	320	88	8.0	14.0	14.0	7.0	48.50	38.1	0.947	7 600	305	552		12.5	2.50	475	46.5	2.24
32b		90	10.0				54.90	43.1	0.951	8 140	336	593		12.2	2.47	509	49.2	2.16
32c		92	12.0				61.30	48.1	0.955	8 690	374	643		11.9	2.47	543	52.6	2.09
36a	360	96	9.0	16.0	16.0	8.0	60.89	47.8	1.053	11 900	455	818		14.0	2.73	660	63.5	2.44
36b		98	11.0				68.09	53.5	1.057	12 700	497	880		13.6	2.70	703	66.9	2.37
36c		100	13.0				75.29	59.1	1.061	13 400	536	948		13.4	2.67	746	70.0	2.34
40a	400	100	10.5	18.0	18.0	9.0	75.04	58.9	1.144	17 600	592	1 070		15.3	2.81	879	78.8	2.49
40b		102	12.5				83.04	65.2	1.118	18 600	640	1 140		15.0	2.78	932	82.5	2.44
40c		104	14.5				91.04	71.5	1.152	19 700	688	1 220		14.7	2.75	986	86.2	2.42

注：表中 r、r_1 的数据用于孔型设计，不作为交货条件。

参 考 文 献

[1] 孔七一. 工程力学[M]. 3版. 北京：人民交通出版社，2008.
[2] 孔七一. 应用力学[M]. 2版. 北京：人民交通出版社，2014.
[3] 李轮，宋林锦. 结构力学[M]. 3版. 北京：人民交通出版社，2008.
[4] 单辉祖. 材料力学（Ⅰ）[M]. 2版. 北京：高等教育出版社，2004.
[5] 刘泓文. 材料力学（Ⅰ）[M]. 6版. 北京：高等教育出版社，2017.
[6] 西南交通大学应用力学与工程系. 工程力学教程[M]. 北京：高等教育出版社，2009.
[7] 哈尔滨工业大学理力教研室. 理论力学[M]. 8版. 北京：高等教育出版社，2016.
[8] 孙训芳，方孝淑. 材料力学[M]. 北京：高等教育出版社，1996.
[9] 范钦珊，王琪. 工程力学[M]. 北京：高等教育出版社，2002.
[10] 李廉锟. 结构力学[M]. 3版. 北京：高等教育出版社，1996.